第2版

# 生活科技應用
# 網路概論

# 關於文淵閣工作室

常常聽到很多讀者跟我們說：我就是看你們的書學會用電腦的。

是的！這就是寫書的出發點和原動力，想讓每個讀者都能看我們的書跟上軟體的腳步，讓軟體不只是軟體，而是提昇個人效率的工具。

文淵閣工作室創立於 1987 年，第一本電腦叢書「快快樂樂學電腦」於該年底問世。工作室的創會成員鄧文淵、李淑玲在學習電腦的過程中，就像每個剛開始接觸電腦的你一樣碰到了很多問題，因此決定整合自身的編輯、教學經驗及新生代的高手群，陸續推出「快快樂樂全系列」電腦叢書，冀望以輕鬆、深入淺出的筆觸、詳細的圖說，解決電腦學習者的徬徨無助，並搭配相關網站服務讀者。

隨著時代的進步與讀者的需求，文淵閣工作室除了原有的 Office、多媒體網頁設計系列，更將著作範圍延伸至各類程式設計、攝影、影像編修與創意書籍，如果您在閱讀本書時有任何的問題或是許多的心得要與所有人一起討論共享，歡迎光臨文淵閣工作室網站，或者使用電子郵件與我們聯絡。

- 文淵閣工作室網站　http://www.e-happy.com.tw
- 服務電子信箱　e-happy@e-happy.com.tw
- 文淵閣工作室 Facebook 粉絲團　http://www.facebook.com/ehappytw
- 中老年人快樂學 Facebook 粉絲團　https://www.facebook.com/forever.learn/

| 總 監 製 | ：鄧文淵 | 企劃編輯 | ：鄧君如 |
|---|---|---|---|
| 監　　督 | ：李淑玲 | 責任編輯 | ：黃郁菁 |
| 行銷企劃 | ：鄧君如・黃信溢 | 執行編輯 | ：張溫馨・熊文誠・鄧君怡 |

# 目錄

## 1 淺談網際網路

## 2 即時通訊拓展生活圈 - Skype & LINE

# 3　暢遊社群不求人 - Facebook

# 4 旅遊規劃與路線導航 - Google 地圖

# 5 影像編修好簡單 - Google 相簿

# 6　影音生活 - YouTube

# 7　影片剪輯沒煩惱 - YouTube

# 8 網路拍賣的考量與實務

# 9　網路行銷

# 10　社群行銷與手法

# 11 行動裝置新應用

# 12 雲端服務新生活

# 1

# 淺談
# 網際網路

· 認識網際網路 Internet

· 透過瀏覽器暢遊全球資訊網

· 上網搜尋生活資訊

· Chrome 線上應用程式商店

# 1.1 認識網際網路 Internet

在這條資訊高速公路上，只要透過電腦及網路連線，任何資訊皆可藉由它遊走世界每個角落，不一定要行走萬里路才能知天下事。

## 1.1.1 常見的網際網路服務

網際網路提供的服務可以說是琳瑯滿目、不勝枚舉，以下列舉幾項常見的網際網路應用供您參考：

### 全球資訊網

全球資訊網 (World Wide Web, WWW) 為網際網路上最普及的應用，使用者利用瀏覽器讀取網址所指引的網站資料，其內容包含文字、圖片、表格、音效動畫...等。隨著網路技術的進步，全球資訊網的應用也深入每個人的生活中。在學習應用上，有越來越多人習慣在網站上瀏覽閱讀、查詢資料，並利用網路特性分享交流，群聚討論；在商業活動上，無論是行銷販售商品，或是進行虛擬的交易或購物都能在網路上即時完成；在休閒娛樂上，影音動畫、音樂視訊，甚至是互動遊戲都能在網頁上完美呈現，讓人目不暇給。

### 電子郵件

電子郵件 (E-mail) 是網路上最普遍的服務，取代了以往使用紙張書信往返的動作。使用者可以透過該服務即時的交換信件資訊，不但迅速即時而且免費，不用紙張也十分的經濟環保，對於現代社會是重要的聯絡方式。

### 即時通訊

這是目前網路上十分受到歡迎的通訊方式，利用即時通訊程式與聯絡對象藉由文字進行溝通。Skype、LINE 或各類即時通...等都是這方面很熱門的軟體項目，不僅改變了許多人聯絡的方式，甚至取代了電話的功能。

■ 1-2

### 其他

當然網際網路的服務並不只如此，這裡所列出的不過是九牛一毛，而且時時刻刻都有新的服務應用推出，趕快加入網際網路的行列，就不會落伍淘汰了！

# 1.1.2 認識全球資訊網與相關名詞

全球資訊網 ( World Wide Web，簡稱 WWW 或 Web) 是 Internet 所提供的服務之一，使用者只要在電腦上安裝 Internet Explorer、Firefox、Safari、Chrome..等任一瀏覽器軟體，就可以連上全球各地的 Web 伺服器，整合 Internet 資源，進而瀏覽伺服器所提供的「網頁」。

## "網站"、"首頁" 與 "網頁"

網站 (Web Site) 是一種網路上的通訊媒介，就像佈告欄一樣，可以透過網站發佈想要公開的資訊，而在網站中存放的檔案稱之為網頁 (Web Page)。

網頁的內容包羅萬象，所有資訊幾乎都可以擺在網頁供人瀏覽，因此有愈來愈多的個人或公司行號開始動手將相片、文章...等資訊放在網路上。

網頁是經由網址 (URL) 來識別與存取，在瀏覽器中輸入代表該網站的網址，即看到內容；而進入網站的第一頁網頁即稱為首頁 (Home Page)。

## 超連結

網頁除了有文字、圖片、音效、影像、動畫之外，還有連結到其他網頁的「超連結」 (Hyperlink)，超連結具有以下幾種特徵：

1. 超連結分成文字超連結及圖片超連結兩種。

2. 將滑鼠移至文字或圖片超連結，滑鼠指標的形狀會變成 。

3. 在超連結上按一下滑鼠左鍵，開啟一份資料、圖片或連結至其他網頁。

## 1.2 透過瀏覽器暢遊全球資訊網

> Google Chrome 是結合了極簡設計與先進技術的瀏覽器,不僅讓上網速度變得更快,也讓瀏覽器擁有更高的安全性以及穩定性。

### 1.2.1 下載並安裝 Google Chrome 瀏覽器

利用 Chrome 瀏覽器搭配 Google 帳戶,不僅能更有效使用 Google 所有服務,雲端同步及擴充應用程式的功能讓 Chrome 更好用。

**01** 開啟瀏覽器 (在此以 IE 示範),連結至 Google Chrome 下載首頁 (https://www.google.com.tw/chrome/browser/desktop/index.html),於畫面按 **下載 Chrome** 鈕。

**02** 於服務條款畫面下方核選 **將使用統計...**,按 **接受並安裝** 鈕,最後選按 **執行** 鈕即會開始下載並自動安裝,完成後會開啟 Chrome 瀏覽器。

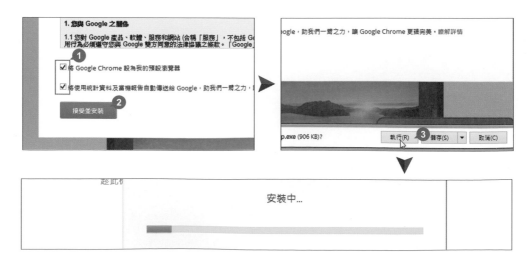

# 1.2.2 申請 Google 帳戶

要開始體驗 Google 的強大功能前，必須先申請一組帳戶，這個帳戶即可適用所有 Google 的服務與產品。(如果您已有 Google 帳戶可以直接略過此申請動作)

**01** 開啟 Google 的 Chrome 瀏覽器，於網址列輸入「http://www.google.com.tw」，按 Enter 鍵連結到 Google 網站，選按右上角 **登入**。

**02** 於登入畫面下方選按 **建立帳戶**，開啟建立 Google 帳戶畫面，於右側輸入使用者名稱及密碼，再一一輸入個人相關資訊。

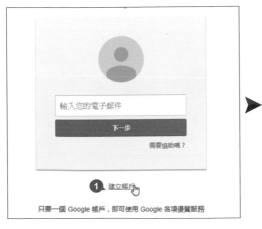

**03** 輸入正確的驗證碼並核選 **我同意 Google《服務條款》及《隱私權政策》**，按 **下一步** 鈕就完成新增帳號的動作，再按 **繼續** 鈕。

point

**填寫帳戶資訊時需注意的細節**

**名稱** 可以使用中文名稱；**使用者名稱** 則是英、數字搭配都可；設定密碼最少需 8 個以上的字元，且選擇容易記的密碼；若於 **行動電話** 欄位中輸入電話，可在忘記密碼時，協助存取帳戶或是保護帳戶不受駭客入侵。

**04** 接著要修改個人帳號的相片，於畫面右上角選按 👤 \ **變更**。

**05** 在設定個人相片時，可以選擇以網路攝影機拍照，或是由電腦裡選擇喜歡的相片，拖曳出合適的範圍後，按 **設定為個人資料相片** 鈕。

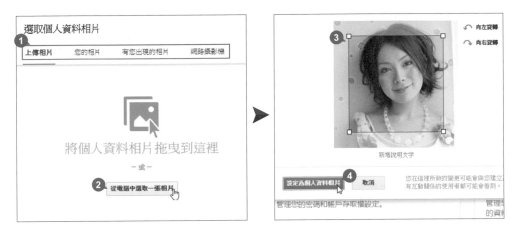

這樣即完成 Google 帳戶的建立，接下來就可以透過此組帳戶使用 Gmail、雲端硬碟、Google 文件...等所有 Google 的服務。

## 1.2.3 確認在 Chrome 中已登入的 Google 帳戶

利用 Chrome 瀏覽器登入 Google 帳戶除了能方便使用各項服務外，書籤、分頁、瀏覽記錄和其他瀏覽器偏好設定，也會備份到您的 Google 帳戶，日後到其他設備上登入相同 Google 帳戶，再使用 Chrome 進行同步時，每台設備就能擁有相同的書籤及記錄。為了確保為登入狀態，可以參考如下操作進行檢查：

**01** 完成安裝 Chrome 動作後，會自動開啟 Chrome 瀏覽器並開啟 **設定 Chrome** 畫面，輸入已申請的 Google 帳戶與密碼，按 **登入** 鈕。

**02** 於 Chrome 瀏覽器視窗右上角按 **帳號名稱**，即可看到您登入的帳號名稱。

**point**

**登入 Google 帳戶並不代表已登入 Chrome**

明明已登入 Google 帳戶卻發現之前於 Chrome 建立的書籤或是設定沒有同步出現時，請選按 ▲ 鈕，若視窗中沒有出現 **以 (帳戶名) 的身份登入** 的標註時，表示您尚未登入 Chrome。

按 ▲ \ **登入 Chrome** 鈕；或選按畫面右上角 ≡ 鈕，於清單中選按 **設定**，在畫面中按 **登入 Chrome** 鈕，一樣都可以進入 **登入 Chrome** 畫面，輸入帳號密碼即可完成登入。

# 1.2.4 使用書籤

將喜愛並常瀏覽的網站儲存在我的書籤中，往後只要選按書籤中的名稱即可快速連結並開啟該網頁頁面，方便又快速！

## 將喜愛的網頁加至書籤列

**01** 在想加入書籤的網頁畫面，按上方網址列右側 ☆ 圖示，輸入書籤名稱後，直接按 **完成** 鈕就會新增到 **書籤列** 資料夾中。

**02** 加入書籤列的網頁會出現於上方的書籤列中，之後只要選按書籤列上的書籤名稱就可開啟該網頁。(如果 Chrome 畫面上沒有出現書籤列，可選按 ☰ \ **書籤** \ **顯示書籤列**。)

**03** 另外，您還可以在書籤列中利用資料夾來管理書籤，一來可整合同性質的書籤，二來可避免書籤過多找不到的問題。同樣的在想加入書籤的網頁畫面，按上方網址列右側 ☆ 圖示，輸入書籤名稱後，按 **編輯** 鈕。

**04** 於 **編輯書籤** 對話方塊中，可選按 **書籤列** 或 **其他書籤** 資料夾，按 **新增資料夾** 鈕，重新命名資料夾名稱後按 [Enter] 鍵，最後確認資料夾為選取狀態再按 **儲存** 鈕即完成。

## 匯入其他瀏覽器中的書籤

過去您在其他瀏覽器儲存的 "我的最愛"，在開始使用 Chrome 前可以先將這些書籤全部匯入，不用浪費時間重新建立。

**01** 於網址列右側按 ☰ 鈕 \ **書籤** \ **匯入書籤和設定**，於 **匯入書籤和設定** 選擇您要匯入的瀏覽器，核選想要匯入的項目，按 **匯入** 鈕。

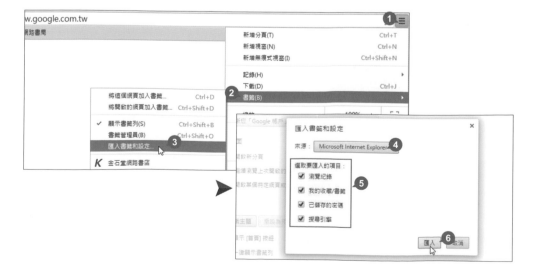

**02** 若書籤列已有其他於 Chrome 建立的書籤或資料夾，這時會產生一個以該瀏覽器命名的資料夾 (例如此例 **從 IE 匯入** 資料夾)，將瀏覽器內儲存的書籤全部匯入其中。最後於完成訊息中核選 **一律顯示書籤列**，按 **完成** 鈕即可。

point

### 書籤資料夾

若書籤列中是空白的沒有其他書籤時，當您匯入其他瀏覽器中的書籤，會將那些書籤直接陳列於書籤列中，而不會以該瀏覽器命名的資料夾匯整。

## 管理我的書籤

書籤一多了，難免會亂七八糟，常常找不到想找的書籤，利用 **書籤管理員** 好好將自己的書籤整頓一番吧！

**01** 於網址列右側按 ≡ 鈕 \ **書籤** \ **書籤管理員**，開啟書籤管理員頁面。

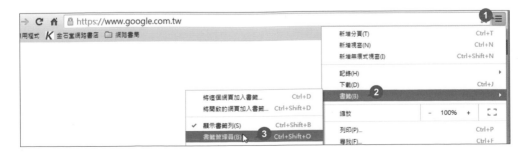

**02** 於 **書籤管理員** 畫面中，選取書籤及資料夾後，按滑鼠左鍵不放呈 狀拖曳可以變更排序或存放位置；如果選按欲刪除的書籤或資料夾，按 Del 鍵即可刪除。

**03** 於 **書籤管理員** 畫面中，如果要增加資料夾來管理書籤，於左側任一資料夾上按一下滑鼠右鍵，選按 **新增資料夾** 即可。

# 1.2.5 在 Chrome 有效率的瀏覽

## 一鍵回到 Google 搜尋主頁

設定 **首頁** 鈕可以讓您快速開啟指定的網頁，一般使用者都習慣設定為常用的搜尋畫面，方便連結並搜尋資訊。

**01** 於網址列右側按 ≣ 鈕 \ **設定**，在 **外觀** 項目中核選 **顯示 [首頁] 按鈕**，再按 **變更**。

**02** 核選 **開啟此頁**，輸入想指定的網址，按 **確定** 鈕完成。

**03** 設定好 **首頁** 鈕後，Chrome 會在網址列左側顯示 **首頁** 鈕，按下該鈕即可開啟指定的網頁。

## 瀏覽私密網頁不怕留下記錄

**無痕視窗** 能在瀏覽網頁後不會留下任何的瀏覽記錄，使用公用電腦不想留下個人瀏覽記錄時即可使用此設定。

**01** 於網址列右側按 ☰ 鈕＼**新增無痕式視窗**，即可開啟一個新的 Chrome 視窗，頁面上會顯示無痕視窗說明。

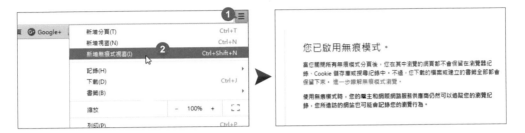

**02** 於視窗左上角會出現 🕵 圖示表示已在 "無痕" 模式，在這個視窗內瀏覽過的網站或輸入暫存的資料，在關閉此視窗後即會隨之刪除。

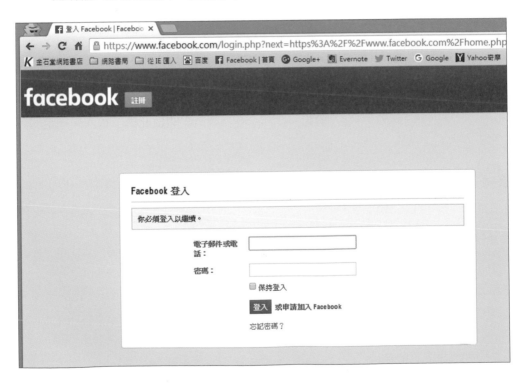

## 繼續瀏覽上次開啟的網頁

在網路上看到精彩的文章，瀏覽到一半常會被其他因素打斷，關掉瀏覽器後重新再找又會耗費許多時間！跟著以下設定幫您解決這問題。

**01** 於網址列右側按 ☰ 鈕 \ **設定**。

**02** 核選 **繼續瀏覽上次開啟的網頁**，在重新開啟 Chrome 時，即可自動開啟上一次關閉 Chrome 時仍在瀏覽的分頁標籤。

## 一次開啟多個指定網頁

大部分的人在啟動瀏覽器後，一定會習慣性的開啟幾個固定分頁來瀏覽，每次都得花一些時間來處理這動作，不如讓 Chrome 一次幫您搞定。

**01** 於網址列右側按 ☰ 鈕 \ **設定**，在畫面核選 **開啟某個特定網頁或一組網頁**，再按 **設定網頁**。

**02** 於 **起始網頁** 欄位輸入想一次開啟的網站網址，輸入完按 Enter 鍵即可換行繼續輸入，完成後按 **確定** 鈕，在下次啟動 Chrome 時就可直接開啟這一組指定頁面。

# 1.2.6 利用 Chrome 放大檢視與翻譯內容

在 Chrome 瀏覽時有許多不同的應用與檢視方式，可以依照自己的需要來放大縮小或是檢視瀏覽記錄，還可以快速搜尋及直接翻譯整頁內容，讓搜尋瀏覽更為方便。

## 改變網頁內容的顯示比例與全螢幕瀏覽

如果覺得網頁中的文字太小不易閱讀時，可利用縮放功能改變網頁內容顯示比例。

**01** 隨意開啟任一網頁內容 (例如：博客來)，於網址列右側按 ☰ 鈕，在 **縮放** 項目選按 ⊞ 鈕即可放大網頁的顯示比例，多按幾次直到合適的文字大小即可；如要回復原本顯示比例時，可選按 ⊟ 鈕直到回復 **100%**。(快速鍵為 Ctrl + O 鍵)

**02** 選按 ⊡ 鈕即可進入全螢幕模式。如要退出全螢幕模式，按 F11 鍵即可回到正常檢視模式。

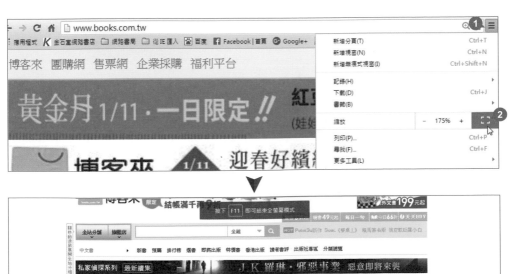

# 檢視或查詢之前的瀏覽記錄

利用 **記錄** 功能，可以查看之前瀏覽過的網頁記錄，甚至可以利用 "關鍵字" 準確達到搜尋目的。

**01** 於網址列右側按 ☰ 鈕 \ **記錄** \ **記錄**，Chrome 會另外開啟 **歷史記錄** 分頁標籤。

**02** 於 **歷史紀錄** 畫面中，除了可看到本機的瀏覽記錄，還可以看到其他同步設備上的瀏覽記錄，也可以於 **搜尋紀錄** 欄位中輸入要搜尋紀錄的關鍵字。

# 不用到 Google 首頁也能搜尋關鍵字

Chrome 瀏覽器的網址列除了可輸入與顯示網址,它還整合了搜尋的功能,只要在網址列輸入想搜尋的關鍵字後,即可幫您找到想要的資料。

**01** 於網址列輸入要搜尋的關鍵字,再按 Enter 鍵。

**02** Chrome 會使用預設的 Google 搜尋引擎找出相關的搜尋結果。(在網址列搜尋的方法與在 Google 搜尋列相似)

# Chrome 翻譯機瀏覽外文網頁沒問題

開啟全是外文的網站看不懂怎麼辦？沒關係，Chrome 內建的翻譯功能讓您也能輕鬆瀏覽，再也不用畏懼密密麻麻的外文單字。

**01** 於網址列右側按 ☰ 鈕 \ **設定**，在畫面最下方按 **顯示進階設定** 開啟更多項目，核選 **語言** \ **詢問是否將網頁翻譯成您所用的語言**，並再按 **管理語言**。

**02** 於 **語言** 對話方塊中左側先選按要翻譯的語系，再核選 **翻譯這個語言的網頁**，按 **完成** 即完成。

**03** 之後開啟外文頁面時，網址列最右側就會出現 🕮 圖示並詢問是否要翻譯此網頁的對話方塊 (沒有出現的話可手動按一下圖示)，選按 **翻譯** 鈕後，Chrome 就會自動將頁面翻譯完成。(如要回復原始頁面，只要再按 **顯示原文** 鈕即可。)

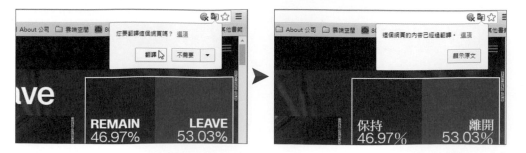

# 1.3 上網搜尋生活資訊

想要找資料？！找 Google 就對了！除了可以用文字搜尋網頁、圖片，也可以直接以圖片或語音搜尋，還可以指定多種的搜尋條件讓結果更符合需求。

## 1.3.1 搜尋網頁、圖片與影片

### 用關鍵字及運算子精準搜尋資料

Chrome 瀏覽器的 "網址列" 除了可輸入與顯示網址，還整合了搜尋的功能，只要輸入想搜尋的關鍵字即可找到想要的資料。

**01** 於搜尋列輸入「東京 飯店」(二個關鍵字中間要有空白，表示搜尋結果需包括這二個字串)，按 Enter 鍵後列出搜尋結果有 800 多萬筆。

**02** 繼續於搜尋列輸入「二人房 or 四人房」，再按 Enter 鍵搜尋，這次的搜尋結果就會過濾到剩下更精準的資料數。

除了加入 "空白鍵" 及 "or" 串連關鍵字，還可以利用其他 "搜尋運算子" 為搜尋加入更多註解，即可縮小搜尋結果的範圍，以取得精準正確的資料。

| 搜尋運算子 | 說明 |
|---|---|
| - | 在某個字詞或網址前加上減號 (-)，即可排除所有包含該字詞的結果。例如：搜尋民宿不想住在市區，可以輸入「民宿 -市區」。 |
| "" | 使用引號 ("")，可找尋完整的句子或精確的字詞，常用於搜尋歌詞或書中文句，例如：輸入「"Let It Go"」，如果不用引號就會搜尋到所有包含這三個字的網頁了。 |
| * | 查詢句子時，如果忘了其中的一、二個字可以利用乘號 (*) 來替代，例如：輸入「白日依*盡 黃河入*流」。 |
| .. | (..) 這個符號可以查詢一個範圍，例如：查詢價格在 10,000 至 20,000 之間的單眼相機，可以輸入「單眼相機 $10000..$20000」 |

## 搜尋指定尺寸、顏色、類型的圖片

Google 圖片資料庫中收錄幾十億張圖片，如果只以關鍵字搜尋往往無法快速找到合適的，此時可搭配搜尋工具篩選出需要的圖片。

搜尋圖片時，篩選指定尺寸、顏色、類型...等的方法大同小異，在此示範篩選出圖片實際大小為 "寬：1024 像素"、"高：768 像素" 的圖片。

**01** 於搜尋列輸入關鍵字「阿里山」，按 Enter 鍵後再選按 **圖片** 項目，會出現圖片搜尋結果，接著選按 **搜尋工具** 鈕，選按 **大小 \ 指定大小**。

**02** 於視窗中輸入要搜尋的圖片寬度與高度的像素，再按 **開始搜尋** 鈕，就可以看到所有符合指定尺寸的圖片。(將滑鼠指標移至圖片上即可看到該圖片尺寸大小的標示)

## 搜尋不同使用權限的圖片

網路上搜尋取得的圖片在使用時要特別注意著作權限的說明，可以在搜尋圖片時以搜尋工具依不同的使用權限直接篩選。

選按 **搜尋工具** 鈕後，接著選按 **使用權限** 選項，於清單中可以選擇是否可以重複使用、修改或是可用於商業用途的圖片篩選條件。

## 搜尋指定時間長短、品質、來源的影片

關鍵字除了可搜尋圖片,也可以用來搜尋影片,如果只以關鍵字搜尋往往無法快速找到合適的,此時可搭配搜尋工具來篩選出需要的影片。

搜尋影片時,篩選指定時間長度或是品質、來源...等的方法大同小異,在此示範篩選出內容為 4-20 分鐘長度、來源為 youtube.com 的影片。

**01** 於搜尋列輸入關鍵字「101煙火」,按 Enter 鍵後再選按 **影片** 項目,就會出現 101煙火相關影片。

**02** 選按 **搜尋工具** 鈕,再選按 **長短不限 \ 4-20 分鐘**,就可以篩選出影片時間長度介於 4-20 分鐘的影片。

**03** 現在有許多不同的影片網站,有時候只想找單一網站來源的影片,選按 **所有來源**,於清單中選按網站名稱就可以了。

point

### 清除 "搜尋工具" 所設定的搜尋條件

想要變更其他的搜尋條件,可以先按 **清除**,就會將目前的搜尋條件清除,這樣即可再重新設定搜尋條件。

# 1.3.2 進階搜尋方式

## 搜尋指定學術網或特定機構資料

若只想於學術、政府相關網站搜尋資料，或在某個購物網搜尋產品，都可以用「site:」來指定。

於搜尋關鍵字後方按一下空白鍵，輸入「site:」再輸入相關的網站或網址，就可以搜尋出網域內符合關鍵字的資料，例如：輸入「文淵閣工作室 site:www.books.com.tw」，即可在於博客來網站中搜尋 "文淵閣工作室" 的相關產品。

"site:" 後方的關鍵網址不需要輸入「http://」，除了可以直接輸入網址來做為指定以外，也可以利用以下的搜尋運算子來指定搜尋或排除相關網域：

| 搜尋運算子 | 說明 |
|---|---|
| site:edu | 於學術單位網域中搜尋。 |
| site:-edu | 搜尋除了學術網域以外的範圍。 |
| site:gov | 於政府單位網域中搜尋。 |
| site:org | 於財團法人網域中搜尋。 |
| site:edu.tw | 於台灣的學術單位網域中搜尋。".tw" 的部分可以替換成各國國碼，常用的國碼有 hk (香港)、cn (中國大陸)、jp (日本)、ca (加拿大)、uk (英國)。 |

## 利用搜尋工具指定多個篩選條件

利用搜尋工具設定多個篩選條件，例如：語言或是時間，可以讓搜尋結果更符合想要搜尋的資料。

若想搜尋東區下午茶吃到飽的餐廳推薦文，且希望是於三個月內發表的文章，最好是繁體中文以便閱讀。

**01** 於搜尋列輸入關鍵字「東區下午茶吃到飽」，按 **Enter** 鍵後再選按 **搜尋工具** 鈕，選按 **不限語言 \ 繁體中文網頁**。

**02** 選按 **不限時間 \ 自訂日期範圍**，於對話方塊中輸入要搜尋的日期範圍，再按 **開始搜尋** 鈕，就可以將搜尋結果自訂在指定的三個月內。

## 好手氣讓你找網頁不再眼花撩亂

在 **Google 搜尋** 鈕的右邊有個 **好手氣** 鈕，讓您在輸入關鍵字搜尋後，自動開啟第一個搜尋結果也是最高人氣的網站。

於 Google 首頁 (www.google.com.tw) 搜尋列輸入關鍵字「金石堂」，按 **好手氣** 鈕，就會直接進入該購物網站，而不需再透過一長串的搜尋結果來尋找與選按。

# 用圖片來搜尋資料

有時候手上只有相關的圖片，卻不知道物品名稱或是風景地點名稱，這時只要以圖搜圖就可以搜尋到相關的結果。

**01** 進入 Google 首頁 (www.google.com.tw)，選按右上角的 **圖片** 轉換至圖片搜尋畫面，再選按搜尋欄位右側 ◙ **以圖搜尋**。

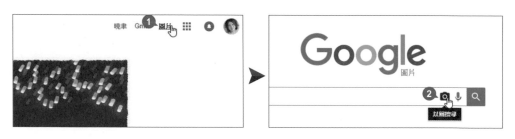

**02** 選按 **上傳圖片** 標籤，再按 **選擇檔案** 鈕，指定電腦中要做為搜尋依據的圖片檔案位置及檔名後，按 **開啟** 鈕，即開始以該圖片進行搜尋。

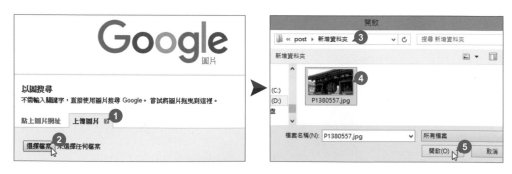

**03** 搜尋完成後，搜尋欄位中就會出現 Google 自動判斷的關鍵字，下方也會出現包含網頁及圖片的搜尋結果。

# 在 Google 書庫找書或收藏喜愛書籍

Google 書庫中有上百萬本的書籍資料，在這裡可以找到您想要閱讀的書籍，還可以試閱及收藏到自己的書櫃中。

**01** 於網址列輸入「books.google.com」進入 **Google 圖書** 首頁，在搜尋書籍欄位中輸入關鍵字 (可為書名、書內詞句、書號...等)，按 🔍 鈕開始搜尋。

**02** 選按正確的搜尋結果即可開啟試閱畫面，如果想收藏此電子書，於畫面上方選按 **加入我的圖書館 \ 我的收藏**，就可以將這本書籍新增到 **我的收藏** 項目。如果想買此本電子書可按左側 **購買電子書** 鈕，即可連結至 **Google Play** 購買。

**03** 如要查詢已收藏的圖書品項，於畫面左側選按 **我的圖書館 \ 我的收藏**，就可以查詢到已收藏的書籍列表。

## 搜尋全球學術論文

搜尋學術文章的資料時，如果使用一般的搜尋方式可能會找到許多不相干的資訊，**Google 學術搜尋** 提供了一個簡單的平台，可以廣泛搜尋學術性文獻以及學術單位的報告、論文、書籍、摘要...等資料。

**01** 於網址列輸入「scholar.google.com.tw」進入 **Google 學術搜尋** 首頁，在搜尋欄位中輸入關鍵字，接著按 🔍 鈕開始搜尋。

**02** 在出現搜尋結果後可以於左側欄位選按篩選條件，這裡選按 **2015 以後**、**按日期排序** 及 **搜尋繁體中文網頁**，就可以找出二年內相關題目的繁體中文論文。

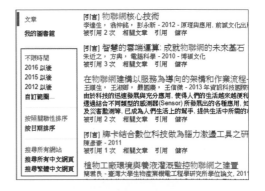

**03** 找到想要的論文後，選按論文連結下方 **儲存** 可以將其儲存到 **我的圖書館** 中，(如果是第一次使用請在說明頁面中再按一次 **儲存** 鈕)。

**04** 完成論文的儲存後，於左側欄位選按 **我的圖書館** 就可以檢視所有儲存的文章。

## 隨時掌握網路上流行的主題文章

**Google 快訊** 除了預設的新聞類別以外，還可以指定關鍵字來新增快訊消息。

於網址列輸入「www.google.com.tw/alerts」進入 **Google 快訊** 首頁，在搜尋列輸入關鍵字，選按 **顯示選項**，設定 **頻率：即時傳送**，按 **建立快訊** 鈕完成，之後只要網路上的文章有新增關鍵字指定的主題，就會立刻寄送信件通知您。

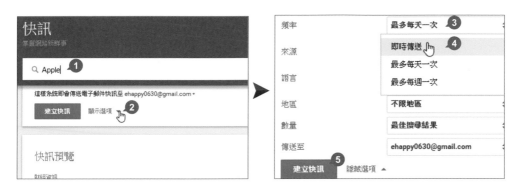

# 1.3.3 語音搜尋、翻譯、線上計算機、快速查詢功能

## 用說的直接搜尋

除了於搜尋列輸入文字搜尋外，也可以直接用 "說" 的方式下達語音指令，進行搜尋的動作。

於搜尋列右側按 🎤 **語音搜尋**，出現 🎤 圖示就可以開始唸出想要搜尋的句子，電腦即會自動判別讀音後出現搜尋的結果。(電腦需配備麥克風才可使用語音)

## Google 幫你翻譯外文網頁

在查資料的時候常會瀏覽國外的文章,逐字翻譯再了解全文實在很辛苦,這時就可利用 Google 網頁翻譯功能。

於搜尋到的網址右側選按 **翻譯這個網頁**,稍後就可以看到翻譯完成的畫面,在畫面上方您可以選擇翻譯的語言,也可以選按右側的 **原文** 鈕比對翻譯後的結果。

## Google 線上計算機

臨時要做數值計算卻找不到計算機時,可以直接在搜尋列中輸入計算式,就可以輕鬆得到答案。

只要於搜尋欄中輸入計算式,按 Enter 鍵後就會在下方出現計算結果,還會先乘除後加減 (在乘除的部分自動加上括號),下方出現的 Google 計算機除了基本的加減乘除以外,還可以計算三角函數、指數、幾次方、開根號...等。

# 查詢電影、日出、換算單位及匯率

想要查詢各地電影時刻表及播映的電影院，只要於查詢電影場次的地點後方按一下空白鍵，再加上 "電影"，例如：輸入「台中市 電影」，搜尋結果會出現上映的電影名稱連結，點選想看的電影名稱，就可以看到該電影的內容簡介以及目前上映的戲院與時間表。

除了電影時刻表查詢，也可以輸入以下關鍵字發現更多 Google 好用的快速查詢功能：

| 功能 | 輸入關鍵字與結果 |
|---|---|
| 換算度量單位 | 直接輸入數字及單位，例如：輸入「40磅」搜尋結果為 "18.14公斤"；輸入「10坪」搜尋結果為 "33.05m²"。 |
| 查詢當天或一週天氣預報 | 於查詢的地名後方加上 "天氣"，例如：輸入「東京天氣」搜尋結果出現當時東京的氣溫、降雨機率及風向/風速；輸入「東京一週天氣」則可查詢本週天氣的預報狀況。 |
| 日出時間 | 查詢的地名後方加上 "日出" 搜尋結果出現指定地點當天的日出時間。 |
| 日落時間 | 查詢的地名後方加上 "日落" 搜尋結果出現指定地點當天的日出時間。 |
| 異地目前時間 | 查詢的地名後方加上 "時間"，例如：輸入「紐約時間」搜尋結果出現目前紐約的時間點。 |
| 換算匯率 | 輸入要換算的金額，例如：輸入「100美金」，搜尋結果出現可換為多少台幣；如果是外幣換外幣，可以輸入「100美金＝？日元」就會直接出現美金換為日元的金額，但這匯率是由美國花旗所提供，所以計算的匯率僅供參考。 |

# 1.4 Chrome 線上應用程式商店

Chrome 線上應用程式商店，擁有各式各樣應用程式與擴充功能，利用商店中的應用程式或擴充功能，讓 Chrome 瀏覽器更加的強大。

## 1.4.1 進入 Chrome 線上應用程式商店

**01** 於網址列右側按 ☰ 鈕 \ **更多工具** \ **擴充功能**。

**02** 第一次安裝擴充程式時，請按 **瀏覽 Chrome 線上應用程式商店**，即可連上 **Chrome 線上應用程式商店**。(之後要再安裝其他程式時，則需按下方 **取得更多擴充功能**，安裝擴充程式的方式請參考 1.4.2 的說明。)

# 1.4.2 整理大量分頁並同時釋放佔用的記憶體

Chrome 同時開啟多個分頁時，這些分頁會佔據不少的記憶體容量，這裡示範如何使用 **OneTab** 這個擴充功能管理分頁並釋放佔用的記憶體。

**01** 於 **Chrome 線上應用程式商品** 首頁左側搜尋欄位輸入「onetab」，按 Enter 鍵，出現搜尋結果後，於該擴充功能右側按 **加到 CHROME** 鈕。

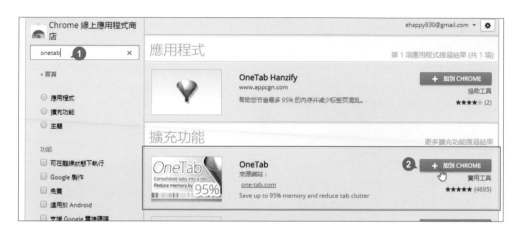

**02** 出現提示對話方塊確認資訊後，按 **新增擴充功能** 鈕，安裝完畢後即可在 Chrome 瀏覽器視窗的網址列右側看到該擴充功能的 ♥ 圖示。

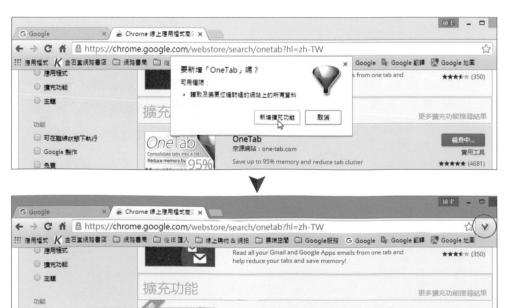

**03** 當您為了查詢資料開了許多分頁，這些分頁吃掉了不少記憶體空間，這時可按一下 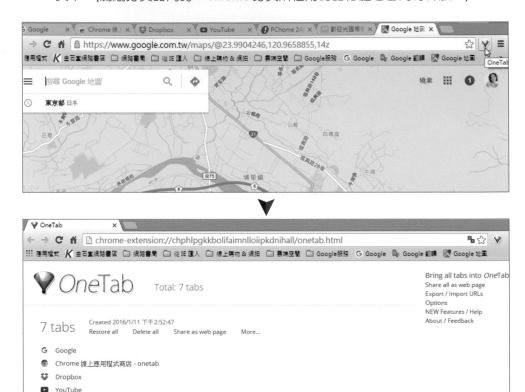 圖示，所有的分頁就會全部關掉，並將其連結整理至名為 OneTab 的分頁中。(關閉分頁的同時，Chrome 分頁所佔用的記憶體也會同時釋放。)

**04** 頁面中會記錄剛剛關掉的所有分頁清單，日後只要再按一下 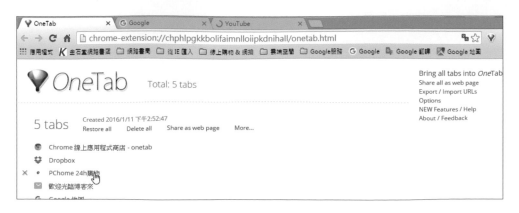 圖示，出現的分頁清單除了最新的幾筆，也會有之前整理到 OneTab 中的記錄。選按想要開啟的連結，就會以新分頁開啟並於清單中刪除該筆連結資料。

# 1.4.3 封鎖不安全的網站

網路中常會有不安全的網站，像是詐騙廣告...之類的，這些網站通常會影響電腦而導致中毒，因此要把這些網站通通封鎖，避免哪天不小心開啟了。

**01** 於 **Chrome 線上應用程式商品** 首頁搜尋並安裝 **Block site** 擴充功能，接著於網址列右側按 ≡ 鈕 \ **更多工具** \ **擴充功能**，在 **Block site** 項目中按 **選項**。

**02** 接著會開啟 Block site 設定頁面，於 **List of blocked sites** 下方欄位輸入您要封鎖的網址，再按 **Add page** 鈕即可。除了封鎖該網站外，還可以指定轉址連接到安全頁面去，只要在 **Redirect to** 欄位輸入您指定的網址，再按 **Set** 鈕即可。

# 延伸練習

實作題

請依如下提示完成各項操作。

1. 請於 Chrome 瀏覽器開啟無痕式視窗。

2. 搜尋 "巴黎鐵塔" 與 "舞者" 關鍵字圖片。

3. 指定搜尋結果圖片要大於 4 百萬像素的黑白相片，還要顯示出圖片大小尺寸。

4. 在 **Google 書庫** 搜尋 "大數據" 與 "教育" 書籍。

5. 開啟第一個網頁連結，並加入至書籤列中新增的「教育」資料夾。

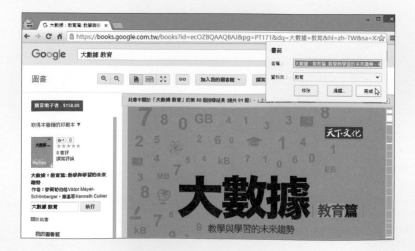

# 2

# 即時通訊拓展生活圈
## Skype & LINE

·用 Skype 跟好友線上聊天
·用 LINE 跟好友線上聊天

## 2.1 用 Skype 跟好友線上聊天

Skype 是全世界很多人使用的網路電話，在近幾年通話品質已經相當成熟，不論朋友是在國內或國外，只要雙方的網路品質都不錯時，就可以透過網路攝影機與麥克風免費視訊，大大節省電話費。

### 2.1.1 下載並安裝 Skype 軟體

雖然 Windows 8.1 已隨附 Skype，然而許多使用者仍習慣 Windows 桌面版的 Skype，其實不論是 Windos 8.1 版的 Skype 還是桌面版的，其操作方式均大同小異。在此以 Windows 桌面版 Skype 示範說明：

**01** 於 **桌面** 環境，開啟瀏覽器並在網址列輸入「https://www.skype.com/」(在此以 Chrome 瀏覽器進行示範)，按 Enter 鍵即可連結至 Skype 首頁，接著按 **下載 Skype** 鈕。

**02** 選擇 **電腦版 Skype**，再於下方按 **下載 Windows 用 Skype** 鈕即可。

**03** 於 **下載** 列按一下剛剛下載的檔案即可進行安裝。

**04** 於 **使用者帳戶控制** 畫面上按 **是** 鈕即開始進行安裝,依照步驟順序完成安裝流程,最後選按 **繼續** 鈕即完成。

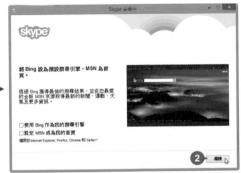

**05** 等待完成安裝後,軟體即會自動執行並開啟登入帳號畫面。

## 2.1.2 註冊並登入 Skype 帳戶

完成安裝後，接下來需註冊一個新的 Skype 帳戶並完成登入動作，才可以使用 Skype 與親友們聯繫。(也可以使用 Microsoft 帳戶登入，但您若是首次使用 Skype 的使用者，建議使用 Skype 帳戶登入，穩定性較高。)

**01** 於登入畫面下選按 **建立新帳戶**，就會開啟瀏覽器連結至 **建立帳戶或登入** 畫面，輸入所需要的相關資料後，按 **我同意：繼續** 鈕即完成註冊。

**02** 於登入畫面輸入剛剛註冊的 **Skype 帳號** 及 **密碼**，再按 **登入** 鈕。

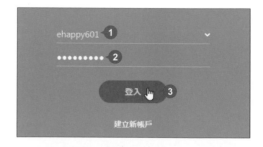

**03** 接著要開始設定 Skype，按 **繼續** 鈕，首先檢查音效與視訊裝置，分別於 **揚聲器**、**麥克風**、**視訊**... 等裝置測試是否正常，確認好後按 **繼續** 鈕。

**04** 再來是設定一張個人檔案圖片，先按 **繼續** 鈕進入拍照模式，看著網路攝影機鏡頭，並按 **照一張相片** 鈕拍照。(如果電腦本身已有圖片時，可選按 **瀏覽** 鈕開啟圖片即可。)

**05** 最後微調圖片的大小及位置 (可利用下方滑桿拖曳放大或縮小相片)，按 **使用這張圖片** 鈕，再按 **開始使用 Skype** 鈕即完成。

**06** 接著若出現連結相關詢問視窗，可以按 **是** 鈕連結 Skype，再於出現的設定視窗中核選 **全選**，再按 **儲存** 鈕即可。

## 2.1.3 新增 Skype 連絡人

安裝並登入完成後，就可以準備與好朋友線上即時聊天，首先要加入好朋友的 Skype
帳戶才能與他們聯繫。

**01** 於左側搜尋欄位文字上按一下滑鼠左鍵，輸入要找尋的好友名稱，按 **搜尋
Skype** 鈕。

**02** 出現的搜尋結果中，在好友的名字縮圖上按一下滑鼠左鍵，再於右側對話窗格
中按 **新增到聯絡人** 鈕，輸入授權請求文字後，按 **傳送** 鈕，等好友上線並確認
邀請後，好友的縮圖右下角圖示由 ⑦ 變成 ⊘ 就算邀請成功。

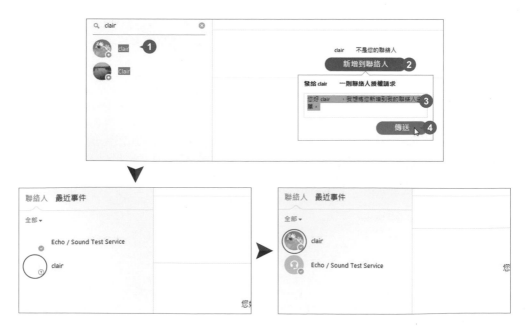

## 2.1.4 線上文字聊天並分享照片

只要朋友與您同時在線上,就可以馬上以傳送訊息的方式聊天,若想與朋友分享旅遊照片,也可以傳送給對方欣賞。

**01** 於 Skype 首頁,待朋友回覆您的邀請並上線時 (圖像上有 🟢 綠色圓點) 選按好友縮圖,於右側窗格下方欄位可輸入想傳遞的訊息,輸入完後按 Enter 鍵傳送。

**02** 如要傳送照片給朋友,先選按 🔗 \ 🖼 **傳送影像**。(或者也可以按其它選項傳送 📄 **檔案**、 📹 **影像留言**、 📇 **聯絡人**、 😊 **表情符號**)

**03** 選擇想傳送的檔案,再按 **開啟** 鈕,即可開始傳送給朋友。(朋友那邊只要選按相片縮圖即可下載並瀏覽)

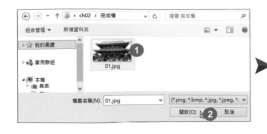

## 2.1.5 免費撥打電話與視訊聊天

透過 Skype 可免費通話，一起來看看如何與已上線的聯絡人通話或視訊聊天。 (電腦需內建或安裝麥克風、網路攝影機、喇叭)

**01** 一般語音通話時請選按 📞 **通話** 鈕，待朋友接通後即可開始交談，如要結束通話時，只要選按下方 📵 **結束通話** 鈕。

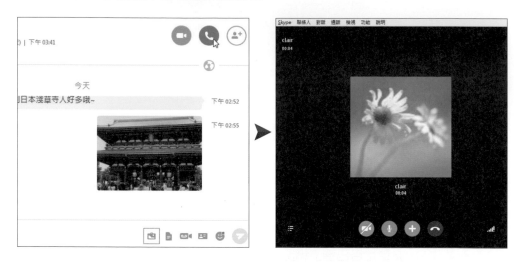

**02** 如果想與朋友通話又能即時看到對方影像，請選按 📹 **視訊通話**，接通後即可於視窗看到朋友影像；結束通話一樣只要選按下方 📵 **結束通話** 鈕即可。

# 2.2 用 LINE 跟好友線上聊天

Line 是許多人下載使用的通訊應用程式，讓您隨時隨地享受免費傳訊、撥打免費網路電話...等溝通樂趣！

此通訊軟體最大的優點就是簡易操作，而且通話與簡訊皆完全免費的 App 聊天軟體，但必須先在行動裝置上註冊完畢後，才能開始使用。

## 2.2.1 在行動裝置免費註冊

Android 與 iOS 行動裝置，在 LINE 畫面上的操作差異並不大，此書後續內容將以 Android 手機畫面為主，說明行動裝置上使用 LINE 的方式。LINE 應用程式安裝完成後，於主畫面點一下 **LINE** 圖示，開啟進入。

**01** 先確認行動裝置是否已連上網路，由於是第一次進入，於登入畫面中點一下 **註冊新帳號** 開始註冊，接著確認國家並輸入電話號碼後點一下 **下一步** (或 **認證電話號碼**)。

**02** 點一下 **確定**，就會發送認證碼簡訊至您剛才輸入的電話號碼。靜候數秒手機會收到認證碼的簡訊，接著開啟該簡訊記下認證碼後回到 LINE 輸入到如下右圖的欄位，再點一下 **下一步**。

**03** 輸入在 LINE 中欲公開的名稱後，點一下 **註冊** ( iOS 行動裝置要再點一下 **好** 允許取用聯絡資訊)。

**04** 電子郵件信箱的部分可以等到需要時再設定，點一下 **暫不設定** (或點一下 **稍後設定**)。

 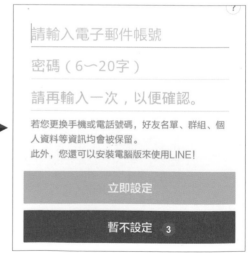

**05** 這樣就完成了所有驗證與註冊流程，進入到 LINE 中。( iOS 行動裝置要再點一下 **好** 允許傳送通知。)

## 2.2.2 設定個人大頭貼

換上一張美麗或帥氣的大頭貼照片，讓朋友看到大頭貼照片就可以輕鬆認出您！

**01** 於 LINE 畫面點一下 **•••** **其他**，接著點選 **個人資料**。

Android

iOS

**02** 在開啟畫面中點一下照片框，點選 **從相簿中選擇 \ 相簿** ( iOS 行動裝置只要點選 **相簿** 即可)。

**03** 選按要使用的大頭貼照片，於編輯範圍內按住滑動就可以移動範圍的位置 (若四個角落出現 ↔ 圖示，按住任一個 ↔ 圖示滑動可縮放照片，若無 ↔ 圖示，請試著以姆指與食指分開、靠攏的方式來縮放照片)，完成範圍指定後按 **選擇** (或 **確認**)。

**04** 接著於濾鏡樣式清單用手指左右滑動點選要套用的效果，再按 **傳送** (或 **確認**)，這樣就完成了大頭貼照片的變更了。

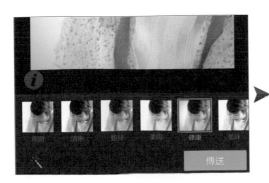

## 2.2.3 設定與查詢自己 ID

每一個 LINE 使用者都可以自己指定一個專屬自己的 ID 名稱，ID 一開始未指定時是空白的，可以自行設定。

### 查看自己的 ID

於 LINE 畫面點一下 👤 **好友**，於 **個人資料** 下方，自己名稱右側或下方就可以看到 ID 名稱了。

### 設定自己的 ID

若還沒有自己專屬的 ID，可依以下說明設定：

**01** 於 LINE 畫面點一下 ••• **其他**，再點一下 ⚙ 。

**02** 在畫面點一下 **個人資料**，這時會看到 ID 這個項目，如果之前已設定過，在此
會顯示您專屬的 ID 名稱，若是空白的請點一下 **ID**。

**03** 在畫面輸入要使用的 ID 名稱 (一經設定就無法變更；需由 "數字" 與 "英文小寫"
組成，不能使用空格。)，輸入完成後點一下 **確認**，如果都沒有其他人使用相
同的名稱，畫面就會顯示 **本ID名稱可供您使用**，接著點一下 **儲存**。

接著在畫面中就可以看到 ID 項目下方已
經出現了剛才設定的名稱，檢查 **允許利
用 ID 加入好友** 項目為核選或呈現
開啟狀態，這樣他人才能藉由 ID 找到您
並加入。

# 2.2.4 加 LINE 好友

## 多種加入好友的方式

LINE 提供多項加好友的方便選擇，選按  **好友**，點一下右上角 進入操作畫面，即可看到加好友的方式。

## 以電話號碼加朋友

拿到朋友的電話可以利用搜尋的功能快速找到朋友的帳號，於 LINE 畫面點一下 **好友**，點一下右上角，於 **加入好友** 畫面點一下 **ID／電話號碼**。

於畫面點一下 **電話號碼**，接著搜尋欄位輸入電話號碼，再點一下，於下方的搜尋結果確認為要加的朋友，點一下 **加入好友列表** 即可。

## 2.2.5 下載並安裝 LINE 電腦版

安裝電腦版，即可直接透過電腦與手機的 LINE 使用者聊天，讓訊息通通不漏接。

**01** 於 **桌面** 環境，開啟瀏覽器並在網
址列輸入「http://line.me/」(在此
以 Chrome 瀏覽器進行示範)，按
Enter 鍵即可連結至 LINE 首頁，
接著選按 **下載** 。

**02** 接著於畫面下方依系統選擇合適下載項目，下載完成後於 **下載** 列按一下剛剛
下載的檔案即可進行安裝。( **Windows 8** 以上系統想要安裝桌面版 LINE，同樣
是按 **Windows** 版本即可，若按 **Windows 8/10** 版本則會另外透過 **市集** 下載。)

**03** 請如圖，逐一執行如下的操作步驟，即可完成該程式的安裝。

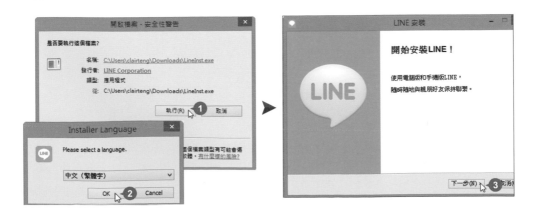

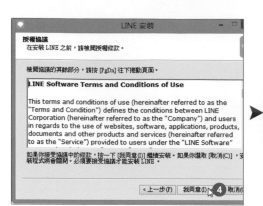
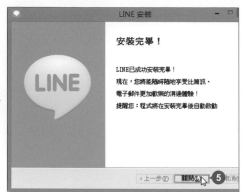

## 2.2.6 登入 LINE

完成了電腦版的 LINE 安裝，接著輸入已
與行動裝置 LINE 綁定的 **電子郵件帳號**
與 **密碼** 後，按 **登入** 鈕 (如果是首次登
入，只要依指示步驟認證裝置即可)。

point

目前於電腦版的 LINE 登入時，需要使用電子郵件帳號，如果之前註冊 LINE 的時候沒
有綁定電子郵件帳號，可以於行動裝置的 LINE 畫面點一下 ⋯ **其他**，再點一下 ⚙，接
著點一下 **我的帳號**，再點一下 **設定電子郵件帳號**。

於畫面輸入電子郵件帳號及其他相關資訊，接著經過電子郵件認証後，最後點一下 **確
定**，這樣就把 LINE 帳號與電子郵件綁定，以後就可以用這一組電子郵件與密碼登入電
腦版的 LINE，也可以在換機時保留好友名單了。

## 2.2.7 加入朋友並傳送訊息

在電腦版中能使用尋找 ID 方式來加入朋友，所以可先詢問朋友的 ID 帳戶。

**01** 選按 ![icon]，輸入朋友的 ID 後按 [Enter] 鍵，確認下方搜尋結果無誤按 **加入** 鈕。

**02** 要傳送訊息可按 ![icon]，再於朋友的名稱上連按二下滑鼠左鍵開啟聊天室，於聊天室下方輸入要傳送的文字，再按一下 [Enter] 鍵就會把訊息傳送出去。

## 2.2.8 分享朋友 LINE 帳號資訊

對於不太熟悉的人，可以透過共同朋友介紹認識，彼此加為好友。

**01** 選按 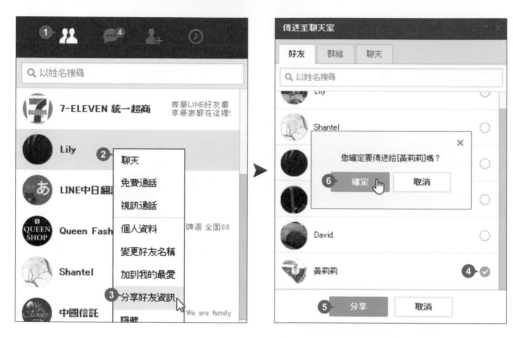，再於朋友的名稱上按一下滑鼠右鍵選按 **分享好友資訊**，於開啟視窗核選要傳送至哪位朋友的帳號，再按一下 **分享** 鈕，再按 **確定** 鈕就會傳送出去。

**02** 收到朋友傳來的帳號，只要按一下該訊息，再按一下 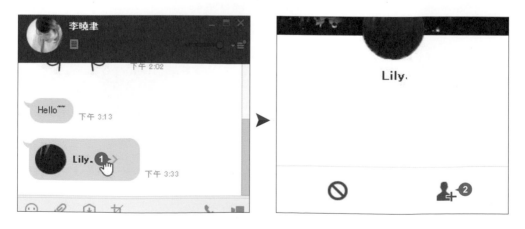，就可以加入這位新朋友了。

# 2.2.9 傳送與下載 LINE 貼圖

除了如一般通訊軟體，在連絡人聊天室下方輸入文字外，還可以使用饅頭人、熊大、兔兔..等擁有豐富情境表情的可愛貼圖呈現心情，以下就來傳個可愛圖片問候一下朋友吧！

**01** 選按 👥，再於朋友的名稱上連按二下滑鼠左鍵，於聊天室中選按 😊。

**02** 於 貼圖 標籤中，選按饅頭人與其表情符號，即可立即將此貼圖傳給朋友，而對方回傳的訊息則會在對話方塊左側。

**03** 如果想要擁有更多的貼圖，可以先於手機版 LINE 下載好，再於電腦版貼圖視窗中按一下 **您可一次下載所擁有的全部貼圖**，再按 **確定** 鈕就會將所有手機版 LINE 下載過的貼圖下載至電腦版的 LINE 了。

## 2.2.10 分享、儲存、轉寄照片與影片

用講的很難形容剛剛看到的影像？或拍到的好笑的影片想跟好友立即分享？

**01** 進入與好友的聊天室畫面後，選按 ⊘，選擇想傳送的照片或影片，再按 **開啟** 鈕，即可開始傳送給朋友。(朋友那邊只要選按相片縮圖即可下載並瀏覽)

02 傳來的照片或影片可以直接從電腦下載，只要選按收到的檔案下方的 **下載**，
輸入儲存的檔名，再按 **存檔** 鈕，即可直接儲存。

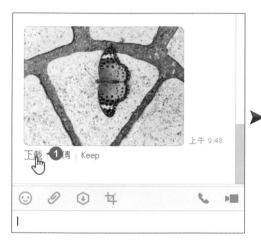 

03 傳來的照片或影片可以直接轉傳給其他人，選按收到的檔案下方的 **轉傳**，於
上方搜尋欄位輸入好友名稱，接著於下方搜尋結果選按要傳送的好友名稱，選
按 **分享** 鈕，最後按 **確定** 鈕即可把這個檔案轉傳出去。

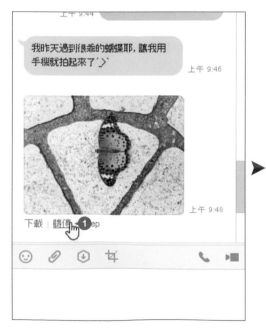 

# 2.2.11 免費撥打電話與視訊聊天

利用 LINE 與免費的網路，就可以隨時與好友或家人通話，或者是面對面的視訊都十分方便。

進入與好友的聊天室畫面後，選按 📞，再按 **確定** 鈕，待朋友接聽之後即可進行語音通話，如果選按 ▶️ 就可進行視訊通話。

通話中可以點選畫面上的功能選項：

🎙️ **靜音**：對方會聽不見您的聲音，再點一下就可以恢復。

📹 **視訊**：開啟視訊畫面，讓對方看到您的影像。

🔊 **擴音 (免持聽筒)**：擴音功能讓您不用把電話貼在耳朵上也能對話。

📞 **停止通話**：只要按一下就可以結束通話了。

## 2.2.12 用 Keep 儲存重要照片與訊息

好友傳來的地址、圖片...等重要訊息，都可以儲存起來，要查看或轉發就不用在聊天室中從頭翻找了。

**01** 進入與好友的聊天室畫面後，於要儲存的文字訊息或檔案、圖片、照片上按一下滑鼠右鍵，選按 **儲存至 Keep**，這樣就會把訊息或檔案儲存了。

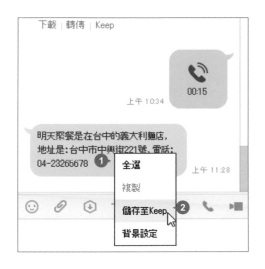

**02** 儲存完成後，可選按 ![]，再選按個人資料項目下自己名稱右側的 ![]，進入 Keep 視窗就可以看到已儲存的資料，於資料上按一下右鍵就可以選按相關的動作了。

# 延伸練習

## 一、問答題

1. 網路電話，在近幾年通話品質已經相當成熟，只要雙方的網路品質都不錯時，就可以透過網路來互傳訊息，在此請列舉出常見的二個通訊軟體。

2. LINE 是一款即時通訊軟體，用戶遍布全球 230 個國家，高居 20 個國家中，免費通訊程式下載第一名，請列舉出二種可安裝的機器設備。

## 二、實作題

1. 透過 Skype 與其他 Skype 使用者通話，是完全免費的，請試著將五位已使用 Skype 的朋友加到自己的聯絡清單中。

2. LINE 中，在已知道朋友的 LINE ID 的情況下，請試著透過 ID 搜尋的方式將五位朋友加入好友列表。

# 3

# 暢遊社群不求人
# Facebook

·替換您的大頭貼與封面相片

·呼朋引伴加入臉書

·自動通知訊息不漏接

·聊天互動或近況更新

·上傳相片與建立相簿、影片

·景點打卡、加入社團

·掌握粉絲專頁最新消息

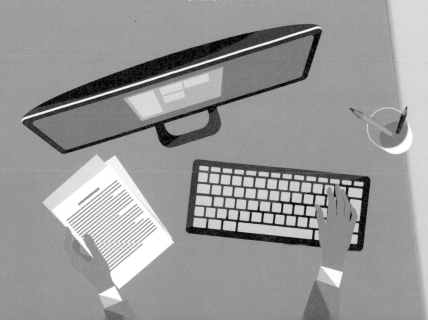

# 用 Facebook (臉書) 記錄生活

Facebook 是目前網路世界最熱門的社群網站,它將全世界的網友齊聚在一起,可以從 Facebook 認識新朋友或是找到老朋友。

## 3.1.1 認識 Facebook

Facebook 是一個社群網路服務網站,擁有超過十億以上的全球使用者,可以建立個人專頁,與其他用戶作為朋友並交換資訊;此外,用戶可以加入各種群組,如:工作場所、學校、社團或其他活動,其中 Facebook 較重要的功能為:

**動態消息與個人動態時報**:就是使用者畫面上的留言板,個人動態時報上的動態消息內容會被同步到朋友們的首頁上,因此只要在自己的動態時報上發表一些心情留言或相片,都可以同步與好友分享。

**常用功能與應用程式書籤**:把 **粉絲專頁、社團...** 等標籤類別整理在此區域中,而 **應用程式** 區則為一些常用的應用程式書籤。

動態消息與個人動態時報　　個人專頁選項列　　通知列

常用功能與應用程式書籤　　　　　　　　　　隨機推薦功能及廣告

# 3.1.2 免費註冊 Facebook

要加入 "臉書" 很簡單，只要擁有一個 E-mail 帳號就可以申請 (Google 帳戶、Microsoft 帳戶、Yahoo 帳戶...)，完全是免費註冊，輸入一些基本的資料即完成註冊動作。

**01** 開啟瀏覽器後，於網址列中輸入「http://www.facebook.com」，按 Enter 鍵即可連結至 Facebook 首頁。

**02** 在右方欄位中輸入姓氏、名字、電子郵件、密碼...等相關資訊，接著按 **註冊** 鈕完成帳戶的註冊。(在此以 Google 帳戶示範)

# 3.1.3 快速完成登錄動作

完成註冊後，會有簡單快速的登錄前準備，請跟著步驟進行。

**01** Facebook 會利用您註冊的電子郵件帳號，或選按其他電子郵件平台右側 **尋找朋友**，輸入相關電子郵件帳號，透過按 **尋找朋友** 鈕，搜尋 Facebook 上的朋友 (尋找朋友的相關動作不是必要的，可先省略)，接著按 **繼續** 鈕。

**02** 若不打算現在尋找朋友，在出現對話方塊可按 **略過步驟** 鈕，接著就會進入 Facebook 的歡迎畫面。

● "封面相片" 區的顯示尺寸為 851 x 315 像素 (如果上傳了一張相片小於這個尺寸 將會被延展成等同於此的較大尺寸)，上傳的相片至少寬度是 399 像素、高度是 150 像素，且大小最好小於 100 KB 的 JPG 格式檔案，也可使用 PNG 格式檔案可 以有較高品質的相片效果。

● "大頭貼照" 區是正方形的，顯示尺寸為 160 x 160 像素，但上傳的相片至少為 180 x 180 像素 (若上傳了非正方形的相片就會被裁切為 160 x 160 像素)。

315 像素

**851 像素**

180 像素

**180 像素**

## 三、不能放上去的訊息

所有的封面相片都是公開的，其中所呈現的內容不能造假、欺騙或誤導，也不能侵 犯他人的智慧財產權。另外，您也不能鼓勵或誘導他人上傳您的封面相片到他們個 人的動態時報上，這是要特別注意的。

> **point**
>
> 如果您要建立的是粉絲專頁，其大頭貼照及封面相片有更多的限制，在上傳之前可以 先閱讀 Facebook 官方的 **粉絲專頁條款** (https://www.facebook.com/page_guidelines. php) 以及 **社群守則** (https://www.facebook.com/communitystandards/)。

使用 IE 和 Chrome 瀏覽器看到的介面有些許的不同，在進行封面的相片與大頭貼照的
新增動作上，建議使用 Google Chrome 操作練習。

**01** 選按右上角 **個人檔案** 鈕，接著選按左上角放置封面相片區域的 **新增封面相片**
鈕 (首次選按時會出現注意說明，請按 **確定** 鈕即可繼續)。

**02** 按 **新增封面相片** 鈕，清單中可選擇 **從我的相片中選擇** 或 **上傳相片** 來取得封
面相片，在此上傳本章範例練習 <01.jpg> 相片，再按 **開啟** 鈕。

**03** 可以在個人畫面上看到封面相片擺放的樣子。如果上傳的相片尺寸比規定的
大，可以按滑鼠左鍵不放上下拖曳上傳的封面相片至適當位置，最後按 **儲存**
**變更** 鈕完成設定。

**04** 接著將滑鼠指標移至 "大頭貼照" 圖示上方，按 **加相片**，再於 **新增大頭貼照** 畫面選按 **上傳相片**。

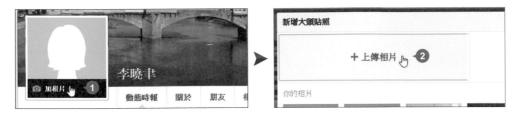

**05** 選取本章範例練習 <02.jpg> 大頭貼照，按 **開啟** 鈕。如果您所上傳的相片尺寸比規定的大，可以按滑鼠左鍵不放左右拖曳上傳的大頭貼照至適當的位置，調整好後按 **儲存** 鈕。

**06** 這樣就完成了 "封面相片" 與 "大頭貼照" 的建立，之後如果還想替換相片時，只要將滑鼠指標移到封面相片或大頭貼照上方，然後照著相同步驟調整即可。

## 3.3 呼朋引伴加入臉書

有了 Facebook 帳號後，就可以開始建立專屬於您的社群，接下來將親朋好友們通通加進來吧！

**01** 按一下上方的搜尋欄位，輸入朋友在 Facebook 上的名稱，就會顯示符合名稱的人員名單，如果人員名單很多時，可依照對方的大頭貼分辨哪位是您的朋友，然後選按正確的項目。(或者可以按 **尋找更多有關 "XXXX" 的搜尋結果** 搜尋到更多名單)

**02** 選按朋友名稱後就會進入該位朋友的個人畫面，在畫面上按 **加朋友** 鈕，接下來就等朋友回覆即可。

point

想由 Facebook 推薦的朋友清單來找朋友，可於畫面上方選按 **尋找朋友**，若無此選項可先按  再選按 **尋找朋友**。這時於該畫面下方即可看到 **交友邀請** 與 **你可能認識的朋友** 二個項目，於 **你可能認識的朋友** 中，會出現朋友建議名單，這些名單是來自於您朋友名單中的朋友或您所輸入的個人資料，可以依所建議的名單加入已認識或是想認識的朋友。

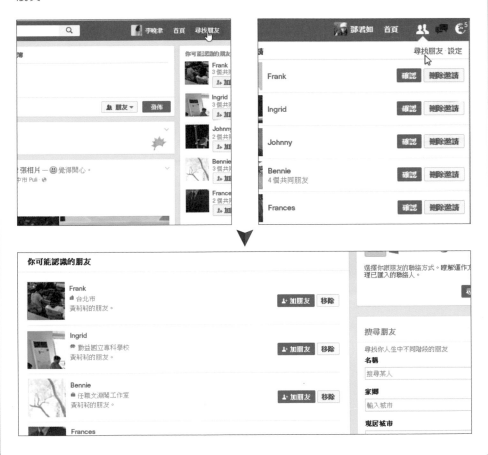

# 3.4 自動通知訊息不漏接

在 Facebook 只要有新的交友邀請、收件匣訊息或是動態消息，都會在第一時間通知您。

## 3.4.1 Facebook 的即時通知

在 Facebook 右上角訊息列有三個圖示，由左邊開始分別是：**交友邀請**、**收件匣訊息** 及 **通知**，只要有新的訊息或邀請就會以紅底白色數字顯示通知，如此一來就能很清楚的得知有新消息了。

交友邀請　收件匣訊息　通知

## 3.4.2 新朋友的邀請通知

當交友邀請的圖示出現紅底白色數字的通知，這時選按 **交友邀請**，在清單中確認是否為所認識的朋友，沒問題的話只要按 **確認** 鈕即可加入成為朋友。

## 3.4.3 訊息的通知與回覆

利用 Facebook 的訊息功能可以讓您與朋友隨時保持聯絡，只要收到此通知時，選按該圖示就可以回信給朋友。

**01** 選按 **收件匣訊息**，在訊息清單中可先預覽訊息內容，接著再選按要更進一步瀏覽與回覆的訊息。

**02** 這時畫面下方會開啟該朋友的 **收件匣**，可以看到完整的訊息內容，只要在下方欄位輸入要回覆的訊息，完成後按 Enter 鍵即可回覆給朋友了，等朋友看過後即會在下方顯示 **已看過** 的文字。

**point**

於 Facebook 主畫面左側欄位選按 **收件匣訊息** 可開啟 **收件匣** 畫面，在此即可查閱更多的接收或已傳送的訊息。

# 3.4.4 動態消息通知

不管是朋友回應您的動態時報貼文，或是朋友在貼文中標註您的名字...等，這些都屬於動態消息的通知。

**01** 出現新通知時，選按 🌐 **通知**，在通知清單中選按想瀏覽的訊息內容。

**02** 接著就會連結到該動態消息通知的畫面，可以看到朋友們目前的動態、留下了什麼話給您....等，不用怕錯過朋友間的交流。

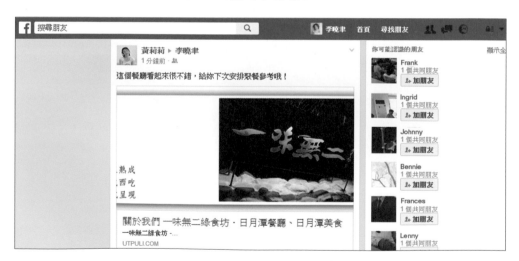

# 3.5 聊天互動或近況更新

Facebook 的個人畫面裡可以隨時輸入一些生活動態，讓朋友知道您的近況，也可跟朋友們談天說地的討論時事。

## 3.5.1 隨時更新您的生活近況

**01** 選按 **個人檔案** 名稱，在個人畫面中選按 **近況**，再按一下輸入欄位，就可以輸入想說的話，完成後按 **發佈** 鈕即可。

**02** 留言完成後，就可以在個人畫面裡看到這則消息。

於首頁的動態消息畫面也會顯示，同一時間您的朋友也會看到這則動態消息。

# 3.5.2 回覆留言或是給個 "讚"！

**01** 朋友看到了您的近況消息後可留言給您，如果覺得贊同朋友的留言，可以在下方按一下 **讚** 字表示支持。

**02** 也可以按一下下方的留言欄位，輸入您想回應的話，再按 ⌈Enter⌋ 鍵，這就是在臉書上與朋友互動的方法。

---

**point**

除了讚以外還可以用可愛的表情符號來表達對貼文的感受，可以將滑鼠指標停在主要貼文下方的 **讚**，就會出現多種表情符號，按一下合適的符號就可以對此貼文表達不同的情緒了。

# 3.6 上傳相片與建立相簿

Facebook 是目前網路熱門的社交網站分享平台,可以將相片與自製影片放到 Facebook 上與朋友分享。

## 3.6.1 新增相片

在臉書裡要新增相片是很簡單的事,只要先把相片準備好,就能快速完成新增相片的動作。

**01** 選按 **個人檔案** 名稱,在個人畫面中選按 **相片/影片**,接著出現二個選項後選按 **上傳相片/影片**。

**02** 選取本章範例練習 <相片 \ 09.jpg> 檔案,再選按 **開啟** 鈕。

**03** 在訊息欄位裡輸入相片的說明，等相片上傳完成後，再選按 ☺ **分享你在做什麼或心情如何** 圖示可增加顯示心情狀態。

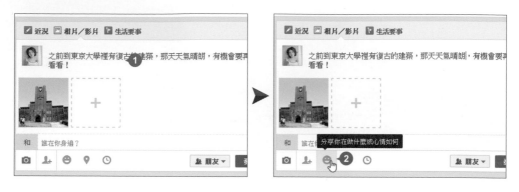

這裡選按 **感受** (也可以選按其他狀態)，再於清單中選按合適的表情符號，就會在留言後方看到心情狀態圖示與文字。

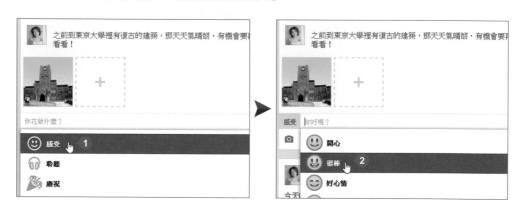

**04** 最後要指定這份貼文的瀏覽權限：**公開**、**朋友** 或 **只限本人**...，再按 **發佈** 鈕即完成新增相片與文字貼文的操作。

## 3.6.2 在臉書建立相簿

剛剛是新增單張相片的操作方式，如果想要分類整理同一主題的大量相片，那就要建立一本相簿來存放。

**01** 選按 **個人檔案** 名稱，在個人畫面中選按 **相片/影片**，出現二個選項後選按 **建立相簿**。

**02** 開啟本章範例練習 <相片> 資料夾，按住 Ctrl 或 Shift 鍵，一一選取要上傳的相片檔案，再按 **開啟** 鈕就會開始上傳所有選取的相片。

**03** 輸入相簿名稱與說明。

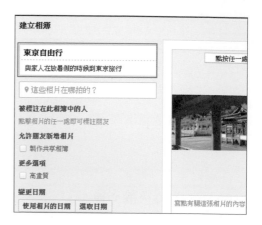

**04** 核選 **高畫質**，會上傳品質較佳的相片圖檔，但是相對的也會多花一些時間上傳。

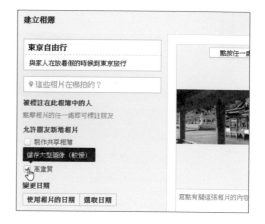

**05** 最後指定這份相簿的瀏覽權限：**公開**、**朋友** 或 **只限本人**，完成所有輸入與設定後，選按 **發佈** 鈕就可以看到建立好的相簿，也會同步於動態時報出現相簿分享訊息。

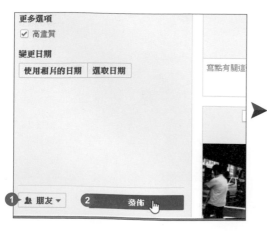

# 3.7 上傳影片

Facebook 既然可以將相片上傳分享，那影片呢？現在就來看看將自製影片放到 Facebook 上與朋友分享的方法。

在臉書上傳影片的方法，與前面提到的新增相片的動作是相似的，只要先把影片準備好，就能快速完成新增影片的動作。

**01** 選按 **個人檔案** 名稱，在個人畫面中選按 **相片/影片**，接著出現選項後選按 **上傳相片/影片**。

**02** 開啟本章範例練習 <影片> 資料夾，選取要上傳的 <01.wmv> 影片後，按 **開啟** 鈕。

**03** 輸入影片貼文的說明，最後要指定這份貼文的瀏覽權限：**公開**、**朋友** 或 **只限本人**，再按 **發佈** 鈕即完成新增影片與文字貼文的操作。

# 3.8 景點打卡

當正在參加一個很棒的活動想與朋友分享時，可透過 Facebook 打卡即時分享所在位置、貼一張活動相片、留一段文字說明、標記同在會場的朋友，讓景點打卡也可以很有內容。

## 透過電腦打卡

不論是行動裝置或是電腦均可直接透過瀏覽器使用打卡功能。

**01** 於 Facebook 首頁的動態消息畫面上方， "在想些什麼？" 近況欄位中先輸入與打卡地點相關的文字，再按 **打卡**，即可於下方清單中選按這附近已經存在的打卡地點。

**02** 若未顯示正確景點，可於上方列輸入景點關鍵字進行搜尋，再於下方清單中選按搜尋結果的打卡地點。

point

電腦沒有 GPS 也可分享位置資料？電腦沒有 GPS 功能為何 Facebook 也知道使用者目前所在的位置？其實這跟一台非 3G 版的 iPad，沒有內建 GPS 硬體也沒有 SIM卡，但卻能夠在地圖上顯示位置資料的道理一樣。因為 Google Map 或 Facebook 是根據上網 (Wi-Fi 或寬頻) 的網路資料來定位。

這種定位方式好處是沒有 GPS 硬體也能定位，但其準確度還是比不上內建了 GPS 硬體與 SIM卡的手機。

**03** 完成地標的標註後，按一下 **相片／影片** 可加入一張該景點或活動的照片，選取本章範例練習 <03.jpg> 檔案，再按 **開啟** 鈕。

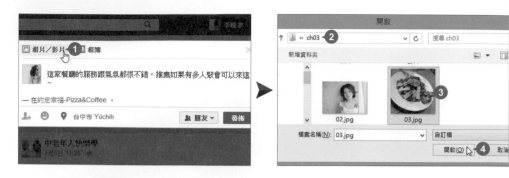

**04** 打卡的同時若希望將一起來的朋友也標記在資訊中，可選按 🔓 圖示，於下方就會出現 Facebook 朋友清單，也可直接輸入朋友姓名搜尋，於搜尋結果清單選按要加入的朋友，最後按 **發佈** 鈕即可完成打卡。

# 透過行動裝置打卡

透過行動裝置進行打卡才能全面發揮 **打卡** 這項功能，不論是在室內、室外、街道上、百貨公司...等，只要有上網，行動裝置均可透過 Facebook 應用程式使用 **打卡** 功能，接下來的練習就使用行動裝置 (Android 系統) 來試試打卡的樂趣：

**01** 可先於手機上安裝 Facebook 手機版應用程式，或於行動裝置瀏覽器登入「http://m.facebook.com 」網頁版 Facebook 畫面後開始操作。

**02** 進入畫面與登入帳號後，於 Facebook 首頁的動態消息畫面上方，"在想些什麼？" 近況欄位中點一下，先輸入與打卡點相關的文字，再點一下 **♀打卡**。(請記得開啟行動裝置的網路及定位功能)

**03** 接著於下方清單中點選這附近已經存在的打卡地點，如果無合適的景點可於上方列輸入景點關鍵字搜尋 (若還是沒找到該景點則可按最下方 **新增地標** 新增新的打卡地點)，接著可以標註與您在一起的朋友或是按 **略過** 之後再標註。

**04** 完成地標的標註後，可以點一下 ◎ 圖示加入一張該景點或活動的相片，點一下 ☎ 圖示可將一起來的朋友標記在資訊中，最後點一下 **發佈** 完成打卡。

# 加入社團找同好

**Facebook 社團** 可以是公開或非公開的空間，任何有 Facebook 帳號的人都可以創立自己的 Facebook 社團。

Facebook 社團是因應組織、群組、主題為名成立的小團體，個人的近況貼文是屬於個人心情分享，然而有些內容希望能於小團體間進行討論與發表，Facebook 社團就是擁有這樣功能性的一個空間。

## 一、加入公開社團

**01** 於瀏覽器 Facebook 畫面搜尋列中，輸入想要找尋的關鍵字 (人、地標、事物...均可)，預設於清單中會依關鍵字找到與 **人名** (個人專頁)、**粉絲專頁**、**社團**、**地標** ...等類別相關的內容，按 **尋找更多的搜尋結果...** 可得到更多搜尋結果。

**02** 選按畫面上方的 **社團**，可篩選出搜尋結果中屬於 **社團** 類別的項目。

**03** Facebook 社團中分為 **公開社團** 與 **不公開的社團** 二類，若選按公開社團的名稱可進入該社團頁面瀏覽內容並可了解有哪些成員已加入社團。

**04** 於公開社團頁面中，可先瀏覽社團分享的內容以決定是否要加入該社團，待按右上角的 **加入社團** 鈕，即立即完成加入該社團的申請動作，待該社團管理員審核確認後您就可以正式加入了。

**05** 加入社團後，您不但可以於社團中發表文章、討論其他成員的文章，也可於社團發佈新文章的同時在您 Facebook **動態消息** 中看到，讓您可以隨時掌握社團的最新動態。

## 二、加入不公開的社團

**01** 若想要加入的是不公開的社團，在搜尋找到該社團後，一樣的建議先選按社團的名稱進入該社團頁面。

**02** 進入了不公開的社團頁面，只能看到 **管理員** 與 **其他成員** 名單，藉以了解這個不公開的私人社團是不是您要加入的。同樣的按右上角的 **加入社團** 鈕，即立即完成加入該社團的申請動作，待該社團管理員審核確認後您就可以加入了。

# 3.10 掌握粉絲專頁最新消息

Facebook 粉絲專頁能夠允許藝人、企業與品牌，展示他們的工作並與粉絲進行互動，粉絲專頁中的所有內容皆為公開化，即使不是 Facebook 的使用者也可以直接連結閱讀該粉絲專頁的內容。

Facebook 粉絲專頁適合長期經營並與成員互動的性質，另外粉絲專頁和個人帳號最明顯的不同，可對 Facebook 粉絲專頁說 "讚" 並且沒有限制加入的粉絲人數，所以常見於企業推廣品牌、個人推廣名聲、行銷活動...等。

**01** 於瀏覽器 Facebook 畫面搜尋列中，輸入想要找尋的關鍵字 (人、地標、事物...均可)，預設於清單中會依關鍵字找到與 **人名** (個人專頁)、**粉絲專頁**、**社團**、**地標** ...等類別相關的內容，按 **尋找更多的搜尋結果...** 可得到更多搜尋結果。

**02** 選按畫面上方的 **粉絲專頁**，可篩選出搜尋結果中屬於 **粉絲專頁** 類別的項目，選按粉絲專頁的名稱可進入該粉絲頁面瀏覽。

**03** 粉絲頁中，可了解這個粉絲團的分享內容、連絡資訊，以及有哪些成員已加入，待按下畫面中的 **讚** 鈕，即可加入此此粉絲團。

# 延伸練習

## 一、問答題

1. Facebook 又稱為「臉書」，是一個社群網路服務網站，只要進入其首頁申請免費帳號即可使用，請列出 Facebook 首頁網址：

2. Facebook 訊息列有三個圖示 、由左至右分別是？只要有新的訊息進來就會以紅底白色數字顯示通知，如此一來您就能很清楚的得知有新消息了。

## 二、實作題

1. 擁有 Facebook 帳號後，請試著加入五位親朋好友們至您的 Facebook，運用 Facebook 首頁上方搜尋欄位輸入朋友在 Facebook 上的名稱再予以加入 (可依對方的大頭貼或進入詳細頁面來分哪位是您的朋友)。

2. 在瀏覽器中開啟一新頁面，進入 http:\\www.books.com.tw 博客來網路書店網站找一本喜好的書籍，再回到您 Facebook 頁面的 **近況更新** 中輸入您想推薦這本書的相關文字以及貼上該書網頁頁面網址，完成後按 **發佈** 鈕即可。

# 4

# 旅遊規劃與路線導航
# Google 地圖

# 4.1 開啟 Google 地圖並完成定位

第一次使用 Google 地圖前得先做好定位動作，才能準確規劃路線或了解在地服務。

**01** 於 Chrome 瀏覽器開啟 Google 首頁 (https://www.google.com.tw)，確認已登入 Google 帳號後，選按 ⊞ **Google 應用程式** 中的 **地圖**。(若找不到可按 **更多**)

**02** 於地圖右下角先選按 ◉ 圖示，再按網址列下方 **允許** 鈕，同意讓電腦取得位置資訊，即可完成定位。(如定位失敗請檢查是否有連接上網際網路)

# 4.2 利用關鍵字搜尋吃喝玩樂

看到新聞或是旅遊節目介紹了好吃好玩的地方，只要使用關鍵字在 Google 地圖上查詢，馬上就能得知位置在哪裡！

## 4.2.1 用關鍵字找美食好簡單

於 Google 地圖左上角搜尋列中輸入想搜尋的關鍵字，按 Enter 鍵，接著於清單中選按合適的地點，即可立刻定位該地點，並在左側顯示了更多相關資訊，其中並包含 "街景服務"。

選按地圖右下角 ➕ 或 ➖ 圖示可以放大或縮小地圖比例 (或使用滑鼠中央滾輪控制)；將滑鼠指標移至地圖上任一處，按滑鼠左鍵不放拖曳，則可以移動地圖位置。

**使用地址或座標搜尋目標**

搜尋一般市區中的景點時，大部分都能找到正確的位置，但當搜尋的是市郊或是偏僻鄉村時，如果能使用地址或是座標來搜尋，較能得到精準的位置。

## 4.2.2 用關鍵字找民宿好省事

要出去遊玩卻不知道哪間民宿較優質，沒關係！這時就由 Google 地圖來充當旅遊諮詢師，讓您找到一間滿意的民宿。

**01** 於 Google 地圖左上角搜尋列中輸入 「民宿地點」 與「民宿」 二字 (中間必須按一下 Space 鍵區隔)，例如： "台南 民宿"，再按 Enter 鍵，即會列出台南附近的民宿，清單中除了民宿名稱外，還有網友評價的星號，選按喜愛的民宿名稱，就可以看到詳細的民宿資訊。

**02** 除了民宿資訊外，下方還有網友們評論的文章，選按評論連結觀看內容，可以有更多參考的依據；相對地，如果想為這間民宿做推薦時，於左下角選按 **撰寫評論**，就可以為這間民宿 **加上星號、評論**；如果有為民宿拍了一些美美的照片，選按 **新增相片** 就可以將自己拍攝的作品上傳。

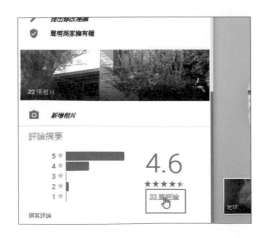

## 4.2.3 用景點或地址探索附近店家

到了一個陌生的地方，不清楚週遭是否有餐廳、飯店或是其他商家時，可以在 Google 地圖上先探索一番，讓身處異地的您也不怕餓肚子。

**01** 於 Google 地圖左上角搜尋列中輸入景點關鍵字或地址，例如：「台北世貿一館」，按 Enter 鍵，完成定位後在左側按 ◎ **附近**，接著在搜尋列中會出現目前定位的地點名稱並以淡灰色文字呈現。(右側 ◉ 圖示表示目前以該地點為中心去搜尋附近特定的目標。)

**02** 可直接選按上方搜尋列中建議搜尋的項目，或於搜尋列輸入要搜尋的店家關鍵字，例如："便利商店"、"咖啡廳"、"下午茶"...等，在此輸入「便當」，按 Enter 鍵，即會以 "台北世貿一館" 為標記並搜尋附近的 "便當" 店，可以於建議的店家清單中，根據星號或是評論決定要去哪一間店用餐。

<table>
<tr><td>4.3</td><td>

# 輕鬆規劃旅遊行程路線

找到目的地接下來就是要瞭解如何抵達，設定好出發地，Google 地圖即會規劃設計出最佳路線。
</td></tr>
</table>

**01** 透過 Google 地圖左上角的搜尋列搜尋到目的地後，選按下方 **規劃路線**，於起點欄位輸入起點，按 Enter 鍵。(直接於地圖上選按位置也可設定)

**02** Google 地圖會依指定的起點與目的地規劃出幾條合適的路線，也可以再透過 **選項** 中的設定來改變路線的內容，例如可設定避開高速公路。在地圖上會透過藍線標示出最佳的路線 (同時也是路線建議項目的第一筆)，而替代路徑則透過灰線標示，可以選按任一路線建議項目來預覽詳細路線內容。

**03** 如果要在路線中增加一中途點，可按 ⊕ **新增目的地** 鈕增加欄位，接著再輸入要前往的目的地。

**04** 將滑鼠指標移至欄位前方呈 ✋ 狀，按滑鼠左鍵不放往上拖曳放開，即可變更目的地的前後順序。

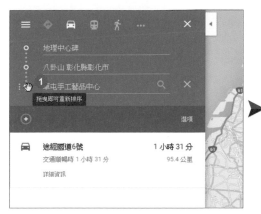 

---

point

### 改變交通工具的設定或是刪除路線

Google 地圖預設是以自行開車的方式前往目的地，如果是要搭乘大眾運輸交通工具前往時，可於左側最上方選按 🚇 **大眾運輸**，即可切換為大眾運輸模式，除了計算前往需要的時間外，還列出了所有搭乘車班的號次與時間可供參考。

如要取消規劃好的路線時，只要按 ☒ **關閉路線** 即可。

## 4.4 Google 地圖街景服務

Google 地圖可快速的查到目的地與規劃路線，但想要更了解週邊環境時，利用街景服務讓您對現場一目瞭然，還可以利用 TimeMachine 服務，瀏覽現在和過去的街景，探索多年來的景色變化。

### 4.4.1 360 度的全景街景服務

**01** 透過 Google 地圖左上角的搜尋列搜尋到目的地後，將滑鼠指標移至搜尋列下方，選按 **街景服務** 的縮圖。(如下方並無街景服務的縮圖，則代表該地點尚未納入街景服務之中，可參考下頁小提示的說明，使用黃色小人預覽街景。)

**02** 進入街景服務後，於實景影像上按滑鼠左鍵不放隨意拖曳即可改變視角；接著將滑鼠指標移至地面上出現箭頭符號時，按一下滑鼠左鍵即可往該方向前進。

要結束街景服務時，只要將滑鼠指標移至左下角縮圖中，按 **返回地圖** 即可切換回一般地圖狀態。

point

### Google 地圖的黃色小人

如果在 Google 地圖搜尋列搜尋到目的地後，左側選單中並沒有街景縮圖可以選按時，可以利用地圖右下角的黃色小人。將滑鼠指標移至地圖右下角處黃色小人上方，按滑鼠左鍵不放，即可抓住黃色小人並放置在地圖搜尋到的目的地附近任一藍色線條路線上，放開滑鼠左鍵讓黃色小人落下即可立即預覽該處的街景圖。

## 4.4.2 乘坐時光機探索歷史街景

街景服務不斷的更新後，Google 將以前拍好的街景重新整合，推出 "TimeMachine" 的服務，讓您可以一覽現在與過去的街景。

**01** 於 Google 地圖上搜尋目的地並進入街景服務 (在此示範台中國家歌劇院)，在左上角的資訊欄位中可以看到標示 "街景服務 - 1 月 2015"，表示此街景相片為當時所拍攝的。

**02** 按資訊欄左下角 🕐 圖示開啟時間軸，透過拖曳時間軸滑桿的動作切換時間點，並可瀏覽當下的街景相片。如果按 🔍 圖示就可將目前的街景畫面更換為滑桿所在時間點街景。(依地點的不同，滑桿上可以切換的時間點也會不同。)

# 4.5 打造專屬個人化地圖

將喜愛的地點變成屬於自己的地圖，運用圖示和色彩為地點進行標註，不但好辨識，到哪裡馬上點就能顯示地圖位置，相當方便。

## 4.5.1 建立個人專屬的地圖

Google 地圖除了規劃路線外，還可以將已去過或是想去的景點標示在個人地圖裡，打造一個屬於自己的旅行地圖。

**01** 於 Google 地圖搜尋列左側按一下 ☰ **選單**，於展開的項目選按 **您的地點**。

**02** 選按 **地圖** 標籤，再按 **建立地圖**，建立新的地圖。(如果打開選單後無 **我的地圖 \ 建立地圖** 項目，請檢查是否已經登入帳號，沒有的話請完成登入後，再次操作上述步驟即可。)

**03** 於 **無標題的地圖** 上按一下滑鼠左鍵，即可命名新地圖的標題，並加入該地圖的說明或敘述，完成後按 **儲存** 鈕。

**04** 於搜尋列中輸入景點的關鍵字，並在智慧搜尋結果選按正確的項目，在地圖上即會標出正確的位置，再將滑鼠指標移至綠色圖示上按一下左鍵可開啟該地點的詳細資訊清單。

於該地點的 **Google 地圖詳細資料** 清單中按 **新增至地圖** 即可將此景點加入圖層中，景點圖示也會由綠色變成紅色。

依照相同操作方式，一一搜尋景點並建立至專屬的地圖中。也可將景點分享給好朋友，按 **分享** 後，於 **連結分享方式** 選按要分享的社群圖示，登入社群並依照該社群貼文方式完成分享即可。

**07** 或是在 **擁有存取權的使用者** 中按 **變更**，設定權限為 **開啟 - 知道連結的使用**，再按 **儲存** 鈕。再直接複製 **共用連結** 欄位中的網址轉貼分享給朋友，最後按 **完成** 鈕即可回到 **我的地圖**。

使用 **我的地圖** 編輯景點時，會在完成變更後自動儲存當下的狀態，所以當看到標題下方出現 **所有變更都已儲存在雲端硬碟中** 字樣時，大可放心關掉瀏覽器。

## 4.5.4 替旅遊景點加上精彩的圖文說明

**我的地圖** 上雖然標示了景點位置，如果可以再幫景點加上清楚的說明，日後觀看時會更瞭解景點特色。

**01** 選按欲加入說明的景點名稱，接著於 **Google 地圖詳細資料** 清單中，選按 🖊 **編輯** 進入編輯模式，在說明欄位中輸入文字敘述，完成後按 🎥 **新增圖片或影片** 插入圖片。

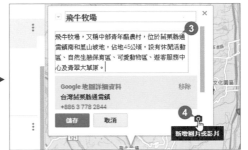

**02** 選按 **Google 圖片** 標籤，於搜尋列中輸入關鍵字後，按 🔍 圖示搜尋，在搜尋結果中選按合適的圖片後，按 **選取** 鈕，最後再按 **儲存** 鈕即可完成景點的圖文說明。

point

### 關於 Google 圖片版權

利用 **Google 圖片** 搜尋得到的結果，版權都屬於下方註明的網站，在使用上需特別注意，也可以利用自己拍攝的圖片先上傳至 Google 雲端硬碟，複製該圖片連結後，再於插入圖片時使用 **圖片網址** 的方式轉貼進來即可。

## 4.6 Google 地圖進階使用

除了瀏覽一般地圖之外，還可以利用 3D 衛星空拍體驗立體化的地圖，或者在線上導覽全球博物館實景，還有如果擔心出門遇到大塞車，使用即時路況讓您隨時掌握路段的交通流量，不再卡在車陣中。

## 4.6.1 開啟即時路況讓您通行無阻

**01** 於 Google 地圖左上角搜尋列中按 ☰ **選單** 開啟側邊欄，接著選按 **路況**。

**02** 地圖上會透過顏色來區分不同的交通流量，例如：綠色代表暢行無阻，橘色代表有一點車流量，紅色表示有很多車，而暗紅色則代表壅塞，依據這樣的資訊來規劃想要走的路線，可以讓您省下更多時間。

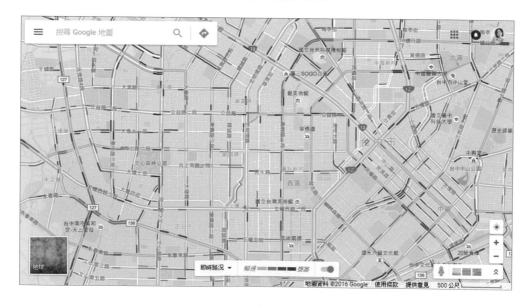

## 4.6.2 瀏覽 3D 衛星空拍的 Google 地圖

**01** 在預設的路線圖形中，按左下角的 **地球** 縮圖，會變更為衛星空照圖模式，即可體驗真實立體化的地圖。

**02** 選按右側 **3D** **傾斜檢視** 圖示二次 (如果地圖中已有規劃路線，那只能傾斜一次)，按 Ctrl 鍵與滑鼠左鍵不放拖曳，即可將地圖視角切換成斜視的角度，可以看到地面隆起的山坡地與 3D 建築物，按滑鼠左鍵不放拖曳地表可以改變位置，選按右側 **＋** 或是 **－** 圖示可縮放地圖顯示比例。

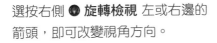

選按右側 ◉ **旋轉檢視** 左或右邊的箭頭，即可改變視角方向。

完成觀看後，按左下角 **地圖** 縮圖即可回到預設的路線圖模式。(部分大都市會提供此 3D 地圖，如：美國紐約、東京都...等，不過由於 3D 模式對硬體要求蠻高，所以在觀看時出現延遲是正常的狀況。)

# 4.6.3 Google 地圖帶您線上導覽博物館

Google Art Project 是 Google 環景地圖中蠻特殊的一項服務，利用它您可以隨時觀看世界各國的博物館實景及各個藝術品。

**01** 開啟 Chrome 瀏覽器，於網址列輸入「https://www.google.com/culturalinstitute/project/art-project」開啟 **Google Art Project** 首頁，於 **虛擬導覽** 項目中選按 **查看全部**。

**02** 接著一起去國立故宮博物館瞧瞧，選按國立故宮博物院圖示，進入博物館內部的街景服務。(操作上與一般街景一樣)

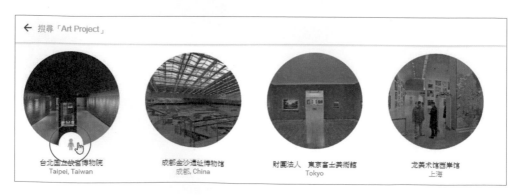

**03** 預設畫面下方中間有 **博物館環景項目** 圖片導覽列，選按圖片可直接前往該藝
術品或作品所展示的地方。

point

**利用搜尋找尋博物館**

您也可以利用搜尋的方式，找尋想要瀏覽的博物館。於畫面右上角選按 🔍，輸入關鍵
字，進入該博物館的頁面，再按一下 🧍 圖示，即可進入觀看該博物館實景。

實作題

1. 試著在 Google 地圖搜尋欄位輸入關鍵字「松山文創園區」，顯示該地點。

2. 試著建立一個旅行地圖，裡頭需包含五個旅遊景點、四間美食地點與三間民宿，最後再為旅遊景點與民宿設定標記圖示以及圖文說明。

3. 試著規劃 "台中火車站" 到 "后豐鐵馬道" 的行程路線，並再新增一個 "台灣氣球博物館" 的中途點，並調整行走順序位置。

4. 試著在 Google 地圖上搜尋 "河南路三段" 靠近台中秋紅谷路段，進入街景服務，拖曳時間軸滑桿切換時間點畫面為 "2011年11月"。

# 5

# 影像編修好簡單
# Google 相簿

# 認識相機

從最基礎的部分來了解相機,也可依照自己的需求來選擇合適的設備,不但可以事半功倍,也能隨時在生活中留下許多美好的回憶!

## 5.1.1 "一般數位相機" 與 "數位單眼相機" 的不同

科技不停地進步,而相機產品也一直不停的推陳出新,從以前的底片相機到現在幾乎人手一台的數位相機,數位相機比起底片相機是比較經濟而且方便的選擇。

數位相機又分為一般機型及數位單眼相機,大略是以鏡頭能不能置換來做為分界,數位單眼相機體積大、重量較重,在攜帶方便這點上是較一般數位相機差,但體積大的原因是因為搭配較好的感光元件,而感光元件就像我們眼睛的視網膜一樣,讓數位單眼相機拍出來有比較好的畫質。以下就針對二種相機進行一個基本的比較,做為相機在選擇上的參考依據:

| | 一般數位相機 | 數位單眼相機 (DSLR) |
|---|---|---|
| 重量 | 較輕 (勝) | 較重 |
| 體積 | 較小 (勝) | 較大 |
| 週邊配件 | 較少 | 較多 (勝) |
| 攜帶方便度 | 易攜帶 (勝) | |
| 色彩專業度 | | 相片顏色較精準 (勝) |
| 對焦速度 | | 對焦速度較快 有利於動態拍攝 (勝) |
| 拍攝多樣性 | | 可交換式鏡頭 讓拍攝有多樣選擇 (勝) |

# 5.1.2 相機的基本配備

數位相機最基本也最必要的配備就是記憶卡與電池,在出門拍照前一定要確認攜帶的記憶卡有足夠的容量空間可以讓拍照者盡情發揮,同時電池也要有足夠的電力。

如果遇到長時間的拍攝行程 (例如:出國旅行、婚禮攝影) 建議要多帶備用的記憶卡及電池,一方面這二種產品會因為老化,縮短使用時間或產生故障的問題,另一方面如果突然出現的好場景,也可以因為事前充足的準備而減少一些遺憾,何樂而不為呢?!

1. **記憶卡**:相當於底片相機的底片,數位相機的記憶媒介為記憶卡,一般數位相機常用 SDHC 卡或是 CF 卡。

   記憶卡挑選二個重點為容量及存取速度。記憶容量愈大可以儲存的相片張數就愈多;而存取速度愈快則表示相機在連續拍攝時反應也愈快,不致產生看到好畫面卻只能枯等相機反應的問題了。

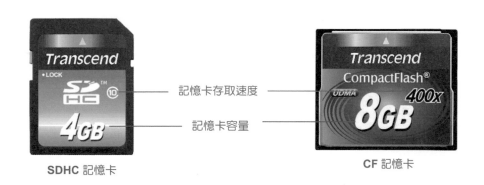

記憶卡存取速度

記憶卡容量

SDHC 記憶卡　　　　　　　　　　CF 記憶卡

2. **電池**:目前在購買數位相機時會附上一顆原廠可重複充電的鋰電池,每個廠牌大部份有專屬的電池型號及充電器,所以如果要另外選購備用電池時要特別注意使用型號。目前市面上也販售一些副廠電池,雖然價格會比正廠電池來得便宜,但建議除了與有信用的商家購買外,最好還要有相關安全認證,否則在使用上容易發生問題。

3. **鏡頭**：如果使用的是單眼數位相機，千萬不要忘了攜帶可交換式鏡頭，依照合適的場景來選擇鏡頭，像近距離拍攝小昆蟲的微距鏡頭、在棒球比賽中拍攝較遠距離的長焦段鏡頭、在百岳群山上拍攝範圍較廣的廣角鏡頭...等，這是單眼相機使用的樂趣也同時是甜蜜的負擔呢！

| 微距鏡頭 | 廣角鏡頭 | 長焦段鏡頭 |

## 5.1.3 週邊配備

1. **腳架**：腳架通常用在拍攝者需進行時長間曝光拍攝時使用，例如：晨昏或是夜景拍攝...等特殊情景之下，不但可以穩定支撐相機，也不會因為拿不穩相機拍攝出模糊不清的影像。

   腳架的種類及附加用途很多，過重的腳架會影響拍攝及攜帶的機動性，但較輕的腳架卻又不容易讓相機在拍攝的過程中達到穩定效果，因此依照相機的重量及用途來選擇腳架的雲台、材質及高度就顯得很重要了。

夜景拍攝　　　　　　　　　　　　　　腳架

2. **清潔用品**：由於拍攝的時候難免會有灰塵、水滴或是不小心碰到鏡片的情況，所以清潔用品是想要拍出清楚相片的必備工具。基本的清潔方法首先會利用羊毛刷或吹球將鏡面上的雜物去除，再使用拭鏡紙或布擦拭，若鏡面太髒或擦不乾淨則沾少許的清潔液，再擦拭鏡面即可。

3. **遮光罩**：單眼相機的鏡頭加上遮光罩，可以避免過多光線的干擾，產生色彩豐富且飽和度夠高的相片，原則上不同廠牌、不同型號的鏡頭口徑不同，這是在選擇時要特別注意的。

不同形狀的遮光罩會遮蔽不同方向的光線，而產生不同的相片效果。

未裝遮光罩　　　　　　　　　　　有裝遮光罩

4. **外接式閃光燈**：大多數的相機都有閃光燈，但內建的閃光燈在光線的強度或方向控制上比較沒有辦法靈活運用，所以單眼相機可以另外選購外接式閃光燈做為光線補強的用途。

## 5.1.4 相機主要結構介紹

相機因廠牌的不同在功能按鍵的設計上，或多或少都有些許差異，以下就針對多數相機共通且主要功能進行介紹。

1. 快門按鈕：打開相機快門 (拍照) 的控制鈕。

2. 電源開關：控制電源開與關的按鈕。

3. 焦距遠近控制鈕：焦距遠近也就是畫面大小的控制。

4. 拍攝模式旋轉鈕：可快速改變拍攝模式。

5. 熱靴座 (外接插座)：可外接閃光燈、麥克風等設備的插座。

6. 狀態視窗：視窗上顯示光圈值、快門速度、側光方式、對焦方式、電量、記憶卡所剩容量...等拍攝相關項目。

7. 鏡頭釋放按鈕：在單眼相機更換鏡頭之前，必須先按住這一個按鈕再將鏡頭旋開來替換另一個鏡頭。

# 5.2 拍照姿勢與構圖

拍照時最擔心所有條件都具備了，但拍出來的主角或是景象卻是模糊不清，這一節針對相機的手持姿勢、畫面構圖或是拍攝角度...等技巧進行提醒，讓相片藉由這些基本概念的養成，減少 "失敗" 的機會。

## 5.2.1 拍照姿勢小技巧

正確的拍照姿勢不但可以幫助我們減少因為相機晃動而造成的失敗相片，而且也可以減少對身體的傷害。

1. **一般數位相機**：拿到相機的第一步先把手腕帶套到手腕上，以免手沒有拿穩或是失神而讓相機掉到地上。

   **小技巧**：右手拿穩機身，左手輔助輕扶住相機，用右手食指來按快門鈕，再以左右手並用來操作控制按鈕讓手持相機更穩定。

一般數位相機手持姿勢

2. **單眼相機**：拿到相機的第一步要記得先將相機背帶套到脖子上，才不會因為沒有拿穩而讓相機掉落或碰撞。

   **小技巧**：右手拿穩握把，左手撐起鏡頭以方便控制鏡頭的方向，利用左手手指來調整鏡頭焦距或光圈環，將相機重量平均分佈在雙手上，並將雙腳自然張開與肩同寬平均分配身體的重量。

右手拿握把、雙腳打開與肩同寬　　　　　　　　以左手支撐相機

3. **多利用場景外的倚靠物**：在拍攝時如果因為快門時間較長需拍攝出不晃動的相片，這時候除了使用腳架以外，更可以善加利用拍攝場景以外的固定物，例如：椅子、樹幹、橋墩...等，但在使用的時候一定要確定倚靠物的穩定度及使用上的安全性。

使用腳架來支撐　　　　　　　　　　　　倚靠路邊的柱子

4. **蹲拍**：拍照的時候，如果需要以較低的角度來拍攝景物，會採取蹲低的動作。

   **小技巧**：先將單腳向前跨一步、另一腳再順勢跪下，雙手可併攏靠近身體增加穩定度。

跪姿使用相機

倚靠路邊的椅子

## 5.2.2 拍攝畫面的拉遠拉近

建構畫面的大小時，要先想一下所要拍攝的主題，舉例來說，在漁港如果想拍出整個港灣風情，要把相機鏡頭拉近，以拍出較廣的畫面，包含較多的港灣元素 (例如：燈塔、港岸、倒影...等)；但如果想要拍攝漁船的特寫，那就要把鏡頭拉遠只拍出特定的元素，這樣的構圖方式才容易將自己的想法表達給觀看相片的人。

## 5.2.3 拍攝畫面構圖

在學習攝影的過程中，我們會聽到很多構圖的方法，剛開始練習的時候可以試著改變主角位置來試試看哪一種構圖比較適合，並盡可能避免將主題擺於鏡頭正中央，或是太過偏頗的位置。

所謂的 "井字" 構圖法又稱 "黃金" 構圖法，可以先將畫面假想分割成九宮格，呈現一個井字型，將拍攝的主題擺在井字的任一交會點上，藉此達到畫面的平衡。這種構圖法只是一種拍照時的參考，其實只要畫面拍攝起來感覺舒服即可。

## 簡化構圖

除了使用一般的構圖以外，"簡化構圖" 也是在拍攝上必須要注意的事，如果背景有太多其他因素干擾，例如：路人、電線桿...等非常容易模糊拍攝的主題，所以在一般的情況下，構圖建議愈簡單愈能清楚的傳達拍攝的目的。

較雜亂的背景構圖

簡化背景構圖

## 框架構圖

在拍攝的過程中可以多利用身邊的現有景物，例如：牆壁上的缺口、欄桿的縫隙、樹枝、草叢...等，表現出有如相框一般的效果，因為這樣的安排會讓相片的表達更具有故事性。

在稻田中的侯鳥

殘壁後的美麗田野

## 影子構圖

只要有光就會有影子，所以在拍攝的時候影子可以做為相片主題的延伸，讓畫面比較不會孤單，不論是湖面的倒影、動作中的殘影或是背著光線而產生的剪影效果，這些都可以為相片增加不少的趣味。

湖面倒影

舞動殘影

出門拍照常擔心遇到很強的太陽光而讓臉部拍攝不清楚？其實我們也可以利用這樣的背光效果來拍攝出特殊的剪影，或是利用光與影子的差異及比例來突顯主題。

光與影的結合突顯主題

夕陽下的剪影

## 拍攝的角度

不同的拍攝角度會有不同的效果，一般如果拍攝人物，俯角拍攝會突顯頭部，身體顯得較為短小；相對地，想要有模特兒般的長腿？那就要以仰角來拍攝；想要瘦一點？可以請主角稍稍側身來拍攝，多嘗試不同的視角會有令人驚奇的相片產生。

仰角拍攝

平視拍攝

俯角拍攝

遇到有網狀或是可透光的物體，可以蹲下來找尋透光的仰角拍攝。

平視拍攝

俯角拍攝 I

俯角拍攝 II

仰角拍攝

## 直式與橫式的拍攝

拍照時要直著拍還是橫著拍呢？這個可以取決於拍攝者的構圖，橫著拍可以將周圍物體都拍進相片當中，但相對地如果拍攝主題沒有這麼顯眼，就很容易因為週遭的雜物而模糊了主題。

如果是直式拍攝，就比較能讓觀看者聚焦於主題上，但相對地相片中能容納及輔助主題的物體也相對比較少。

# 5.3 用 Google 相簿編修影像

Google 相簿提供了免費的 15GB 儲存空間，除了瀏覽與管理基本功能以外，不完美的相片也能進行編修，讓相片呈現不一樣的風貌。

## 5.3.1 高畫質無限上傳電腦中的相片、影片

Google 相簿可以上傳 **原尺寸** 的相片或影片；如果擔心空間問題，也可以選擇 **高畫質** 的上傳尺寸，如此上傳電腦中的相片檔案到 Google 相簿，雲端備份不用再擔心容量問題。

**01** 開啟 Chrome 瀏覽器連結至 Google 首頁 (https://www.google.com.tw)，確認已登入 Google 帳號後，選按 ▦ **Google 應用程式** 中的 **相片**。(若找不到可按 **更多**)

**02** 進入 Google 相簿主畫面後，會看到 Google 雲端硬碟中或許已經儲存了之前上傳的相片檔案，且會依月份整理。

**point**

### 將雲端硬碟中的相片納入管理

將滑鼠指標移至 Google 相簿主畫面左側按 ▤ **主選單** 鈕會開啟清單，選按 **設定** 開啟畫面，接著於 **Google 雲端硬碟** 項目中右側按一下開啟，就可於 Google 相簿畫面中管理所有相片檔案。設定完成後，再於左側按 ▦ **相片** 鈕，即可回到 Google 相簿主畫面。

**03** 將滑鼠指標移至 Google 相簿主畫面左側按 ☰ **主選單** 鈕會開啟清單，選按 **設定** 開啟畫面，可設定想要上傳相片的尺寸品質。設定完成後，再於左側按 ▣ **相片** 鈕，即可回到 Google 相簿主畫面。

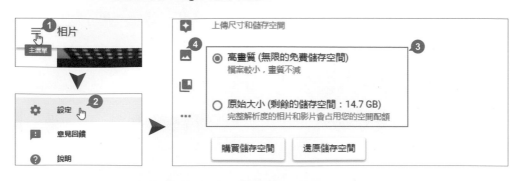

point

如果是使用手機或傻瓜相機 (1600 萬像素以下、1080p 影片)，則建議使用 **高畫質** 選項，雖然實測後發現檔案大小還是有些微被壓縮，但像素與解析度不變，適用於一般的列印與分享；如果核選 **原始大小**，則會完整的上傳該相片和影片並會佔用雲端硬碟的儲存空間。

**04** 於 Google 相簿主畫面上方按 ☁ **上傳相片** 鈕，接著於檔案總管視窗中，按 Ctrl 鍵不放選取要上傳的相片，按 **開啟** 鈕。(一次可選取多張同時上傳)

**05** 在畫面左下角會出現上傳的進度，若完成上傳可以按右上角 ⊠ 結束，或是按 **新增到相簿** 鈕利用相簿整理上傳的相片。

**06** 於畫面中選按 **新增相簿**，進入相簿畫面，即可看到上傳的相片，這裡透過相簿的建立，將上傳的相片統整在一起。接著只要將無標題的名稱更改為相簿名稱即完成設定。(之後可以按左上角 ⇦，切換回 Google 相簿主畫面)

## 5.3.2 為相片套用濾鏡與編輯

Google 線上相片編輯模式中提供了 **基本調整、色彩濾鏡、裁剪及旋轉** 多種功能,透過不同效果的套用,讓相片呈現不一樣的風情。

**01** 於 Google 相簿主畫面左側選按 🖼 **相片** 鈕,選擇要編輯的相片,開啟全螢幕瀏覽模式後,在右上角選按 ✏ **編輯** 鈕進入編輯模式。

**02** 於畫面右側選按 🎨 **色彩濾鏡** 鈕,會出現調整的窗格提供了多種不同的濾鏡效果,選按其中一種效果後,拖曳滑桿可調整濾鏡的效果強度,而在左側畫面可直接看到套用後的結果。

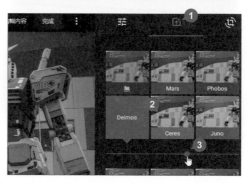

**03** 於畫面右側選按 🔄 **裁剪及旋轉** 鈕,可進入畫面進行相片的裁剪與旋轉,調整完後,再按 **完成** 鈕即可完成設定。

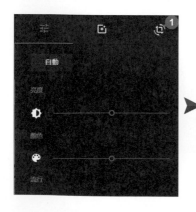 

**04** 於相片編輯畫面中，將滑鼠指標移至相片上方按住滑鼠左鍵不放，可瀏覽原始未套用效果的相片，放開滑鼠左鍵就會回到已套用效果的相片。

**05** 如果覺得套用的效果不滿意時可以選按 **復原編輯內容**，就可以取消所有套用的效果了。

## 5.3.3 自訂相片後製效果

除了內建全自動的調整效果或是創意調整之外，也可以針對 **亮度**、**顏色**、**流行**、**暈影...**等設定一一手動調整。

在相片的編輯模式，於畫面右側選按 **基本調整** 鈕，下方的每個設定項目中皆可透過拖曳滑桿的方式來調整效果強度，操作時可以直接在左側看到套用後的成果，之後按 **完成** 就完成自訂相片效果的調整。

<table>
<tr><td>**5.4**</td><td># 用 Google 相簿建立、分享相簿</td></tr>
</table>

建立相簿能妥善為相片進行整理或分類，還可以與親朋好友共享相簿，整合大家所拍的相片，相當的好用。

## 5.4.1 建立相簿

上傳相片時可以進行新增到相簿的動作，亦或已存在 Google 相簿內的相片，也可以依照不同時間、主題，手動建立一個專屬的相簿。

**01** 於 Google 相簿主畫面上方按 ⊞ **建立** 鈕，清單中選按 **相簿**。

**02** 在 **建立相簿** 畫面中，於相關日期左側按一下 ⊘ 圖示，呈 ⊘ 狀，選取當天的所有相片；或者直接在單張相片左上角圓圈按一下呈 ⊘ 狀選取該張相片，再按右上角 **建立** 鈕。

**03** 再於畫面中無標題的名稱更改為相簿名稱即可，按左上角的 ← ，可回到 **相簿** 主畫面，看到剛剛建立好的相簿。

point

### 變更相簿封面

上傳相片後會依拍攝時間及檔案名稱排列，並隨機挑選一張相片做為相簿的封面，如果想要變更相簿的封面，只要挑選合適的相片進行設定即可。

於 Google 相簿主畫面左側選按 🖻 **相簿** 鈕，選按要調整的相簿，並挑選要成為相簿封面的相片。

進入相片畫面，於右上角選按 ⋮ **更多選項** 鈕＼**設為相簿封面**，按左上角的 ← 鈕回到 Google 相簿主畫面，於左側選按 🖻 相簿，即可看到該相簿封面已完成變更 (如果沒有變更可重整網頁)。

## 5.4.2 刪除相簿與拯救誤刪的相片

在 Google 相簿中刪除整本相簿會直接刪除，無法像資源回收筒一樣進行還原，所以刪除前請先確認再動作；若不小心誤刪相片，則可以在限制的時間內將它還原。

**01** 於 Google 相簿主畫面左側選按 ⬛ **相簿** 鈕，選取要刪除的相簿，進入該本相簿內。

**02** 在畫面右上角選按 ⋮ **更多選項** 鈕 \ **刪除相簿**，再按 **刪除** 鈕即可刪除整本相簿。(若該相簿曾與他人分享，即會永久移除由他人新增的相片，但自己的相片仍會保留在相片庫中)

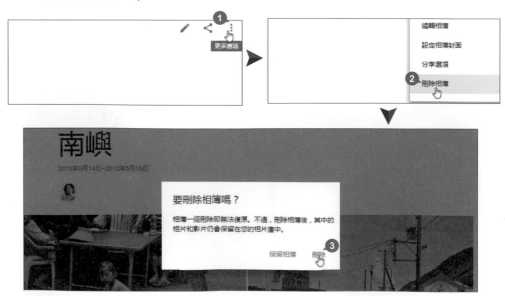

**03** 若要刪除相片，於 Google 相簿主畫面左側選按 ▣ **相片** 鈕，在要刪除的相片左上角圓圈按一下呈 ✓ 狀，接著在右上角按 🗑 **刪除** 鈕，再按 **移除**，就可以刪除相片。(刪除的相片會先移至垃圾桶中)

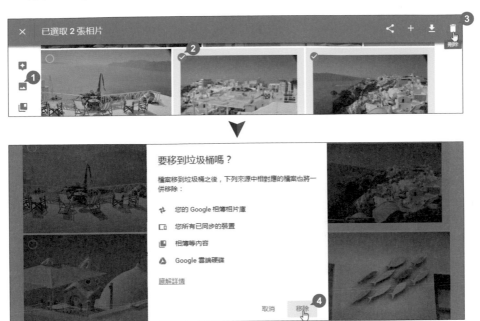

point

## 還原誤刪的相片或清空垃圾桶

若是想要還原誤刪的相片或清空垃圾桶，於 Google 相簿主畫面左側選按 ☰ **主選單** 鈕開啟清單，選按 **垃圾桶** 開啟畫面，雖然垃圾桶會保留刪除相片，但保留時間只有 60 天，逾期還是會被 Google 永久刪除，如果要手動刪除可以直接選取相片後，選按 🗑 圖示，即可永久刪除選取項目。(若有誤刪的相片，在要還原的相片左上角圓圈按一下呈 ✓ 狀，右上角選按 ↺ **還原** 鈕即可)

### 5.4.3 分享相簿

旅遊或生活中拍攝的美景相片，利用相簿進行分類後，就能藉由分享相簿功能立即與其他人分享唷！

**01** 於 Google 相簿主畫面左側按 🖻 **相簿** 鈕進入，從已建立的相簿中先選按要分享的相簿畫面，再選按上方 ⬛ **分享** 鈕。

**02** 選按欲分享的社群服務圖示 (此操作以 Google+ 為例，根據不同社群服務，可能需做登入動作)，接著按 **繼續分享到 GOOGLE+**，於分享畫面設定 **分享對象** 及輸入文字，最後按 **發佈** 鈕即可。

# 5.4.4 與朋友共用相簿

Google 相簿新增 **共用相簿** 功能,可以設定與朋友共同編輯一本相簿,將朋友之間共同的相片整合在一起。

**01** 於 Google 相簿主畫面上方按 ⊞ **建立** 鈕,選按 **共用相簿**。

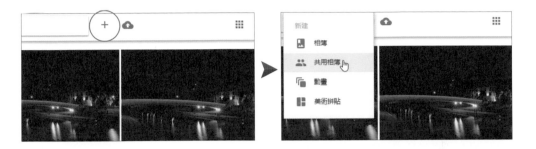

**02** 在要共用的相片左上角圓圈按一下呈 ✅ 狀選取該張相片,再按右上角 **建立** 鈕,然後於畫面中設定共用相簿的相簿名稱後按 **分享** 鈕。

**03** 進入 **分享** 畫面,將 **允許其他新增相片** 功能設定為開啟,再於 **分享連結** 項目中按 **複製** 複製連結網址,藉此將這連結傳給想要共用相簿的朋友,最後按 **完成**。(開啟 **允許其他人新增相片** 功能,凡是知道該連結的使用者,都可以在共用的相簿中新增相片和影片。)

**04** 當朋友開啟分享的連結網址後，進入共用相簿畫面，在相簿名稱下方按 **加入** 鈕，就會出現自己與朋友的大頭貼圖示。

**05** 這時朋友就可以於開啟的相簿畫面中按 📷 **新增到相簿** 鈕新增相片了。

在要加入共用相簿的相片左上角圓圈按一下呈 ✔ 狀，再按 **完成** 鈕，回到相簿畫面會看到相片左下角標示了自己和朋友的名字，這樣就能清楚知道相片由誰上傳。(若朋友相簿中沒有相片，必須先上傳相片才能將相片新增至相簿)

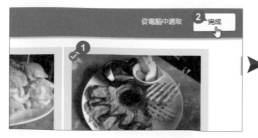 

若是朋友有上傳新的相片，在自己的 Google 相簿畫面右上角，會出現通知訊息，按一下 **Google 通知** 就可以在清單中看到相關的訊息。

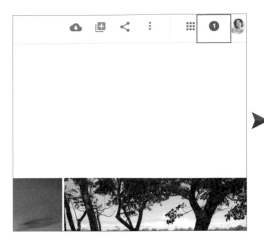 

---

**point**

## 停止協同合作功能與共用相簿的設定

若只想讓朋友純粹瀏覽相簿內容，而不能新增相片，可進入相簿的畫面，再於畫面右上角選按 **更多選項** 鈕 \ **分享選項**。進入 **分享選項** 畫面，關閉 **協同合作** 設定即可。

若是要停用分享相簿的設定，進入 **分享選項** 畫面，關閉 **分享** 設定，再選按 **刪除** 即可。

 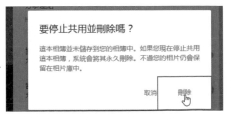

## 5.5 用 Google 相簿建立動態影像

生活中一些連拍相片，利用 Google 相簿的 **動畫** 效果，就能製作出有趣的動態圖片，令人為之驚豔！

**01** 於 Google 相簿主畫面上方選按 ⊞ **建立** 鈕 \ **動畫**。

**02** 在要製作動畫的相片左上角圓圈按一下呈 ✓ 狀，選取好後，再按 **建立** 鈕，會自動完成動畫相片效果。

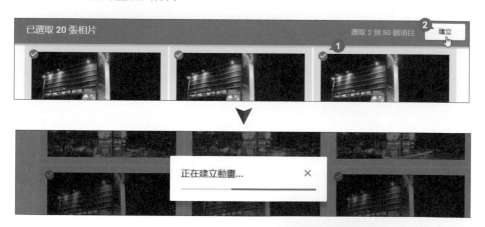

**03** 完成之後，可以將動畫相片新增至相簿、共用相簿、下載或者進行分享。(製作完成的動畫會存放在剛剛選取的相片中。)

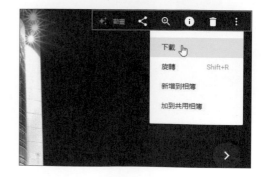

## 5.6 用 Google 相簿建立美術拼貼

拼貼式的相片是時下流行的貼圖效果，將生活中拍攝的相片拼貼成一張相片，發揮簡單創意，一次就可以瀏覽多張相片。

**01** 於 Google 相簿主畫面上方選按 ⊞ **建立** 鈕 \ **美術拼貼**。

**02** 在要製作拼貼相片的左上角圓圈按一下呈 ✓ 狀 (一次可選取 2 至 9 張相片)，選取好後，再按 **建立** 鈕，即會自動完成拼貼相片效果。

**03** 完成之後，可以將拼貼相片進行編輯、新增至相簿、下載、或者與朋友分享。(製作完成的美術拼貼會存放在剛剛選取的相片中。)

## 一、問答題

1. 相機的 "基本配備" 有哪些？請提列二項並簡述說明。另外，常見的相機 "週邊配備" 又有哪些？請提列二項並簡述說明。

2. 相機主要的結構有哪些？並簡述說明。

## 二、實作題

1. 試著將本章延伸練習 <動畫> 資料夾中的相片，上傳至 Google 相簿，並利用 **動畫** 功能，為相片製作出動畫效果。

2. 試著將本章延伸練習 <美術拼貼> 資料夾中的相片，上傳至 Google 相簿，並利用 **美術拼貼** 功能，為相片製作出拼貼效果。

# 6

# 影音生活
# YouTube

· 我的線上影音平台
· 我的 YouTube 頻道與播放清單
· 推薦好友一同欣賞
· 將相片製作成專屬動態影片

# 6.1 我的線上影音平台

YouTube 是全球擁有最多使用的影音平台，不管您想看什麼類型的影片，都可以在這裡找到！

## 6.1.1 申請 YouTube 帳戶

在前面的章節中，您應該已申請了 Google 帳戶，利用這個帳戶就可以直接登入 YouTube 帳戶，取得更多的服務功能。

**01** 開啟 Chrome 瀏覽器連結至 Google 首頁 (https://www.google.com.tw)，確認已登入 Google 帳號後，選按 ▦ **Google 應用程式** 中的 **YouTube**。(若找不到可按 **更多 Google 應用程式**)

**02** 登入後在右上角就可看到帳號資訊，透過 **首頁**、**發燒影片**、**訂閱內容** 三個項目的選按，可以進行畫面的切換與瀏覽。上方則是搜尋列，您可在搜尋列輸入關鍵字，即會自動列出喜歡的頻道。

# 6.1.2 觀看熱門影片、音樂、運動頻道

YouTube 擁有各式各樣由上傳者製成或分享的影片內容，舉凡電影預告片、MV 或各式球賽...等影片都可以在線上找到並觀賞。

**01** 在 YouTube 畫面左上角按 ☰ 鈕，清單中選按 **瀏覽頻道**，於右側 YouTube 精選區域中選按 **YouTube 熱門影片 - 台灣**，會顯示目前時下精選的影片。

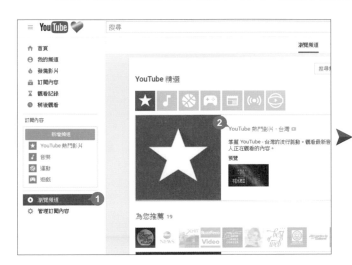 

**02** 如果想要瀏覽跟音樂有關的頻道時，則是在 YouTube 精選區域中先選按上方 **音樂** 圖示，再選按下方 **音樂** 大圖，會出現該頻道的相關影片讓您進行瀏覽；當然也可以透過上方 **搜尋頻道列**，輸入關鍵字直接進行影片頻道的搜尋及瀏覽。

## 6.1.3 以劇院模式或全螢幕模式觀看影片

瀏覽影片時，覺得預設播放畫面太小，可以透過控制列切換成劇院或全螢幕模式進行瀏覽。

**01** 於影片播放畫面，按播放控制列 ▭ **劇院模式** 鈕，影片播放器的大小會依照瀏覽器視窗的可用空間自動調整為較大尺寸的播放器。

**02** 於影片播放畫面，按下方播放控制列 ▭ **全螢幕** 鈕，會以全螢幕模式播放，按 [Esc] 鍵即可離開。

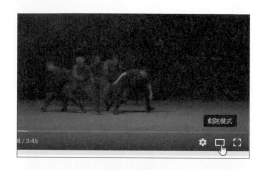

## 6.1.4 播放 HD 高品質影片

YouTube 為了讓影片在電腦上呈現最佳觀看狀態，會依據該影片上傳的原始檔提供標準畫質 (例如：240P 或 360P) 到高畫質 (720p 或 1080p)，使用者可以根據自己的網路頻寬來調整影片觀看品質。

於影片播放畫面按控制列 ⚙ **設定** 鈕，以下面這個範例來說，清單中先選 **畫質 480P**，接著於清單中選按 **720P**，接著就可以看到播放畫面控制列 ⚙ 圖示變成 ⚙ᴴᴰ，就表示該影片已使用 HD 高畫質的狀態觀看。

# 6.1.5 看外國影片自動幫您加上中文字幕

想要線上觀看喜愛產品的發表會，卻完全聽不懂，一整個就是鴨子聽雷！沒關係，YouTube 貼心為您準備字幕翻譯功能，讓您瞭解外文影片內容。

**01** 於影片播放畫面 (此範例示範 https://goo.gl/B1Vfuk)，按一下控制列 字幕 鈕，影片馬上出現預設的字幕。

**02** 如果要翻譯字幕，可按一下控制列 設定 鈕，選按 字幕 清單鈕 \ 自動翻譯。

**03** 在清單中選按您想翻譯的語言，原先影片中的英文字幕即可變更為您所指定的語言了。

point

### 使用語音方式辨識並產生字幕

在 設定 鈕的 字幕 清單中如果選按 英文 (自動產生)，則 YouTube 會自動聽取影片中的語音去辨識，然後產生字幕，只是並非所有影片皆有字幕或是支援語音辨識功能，如果控制列上沒有 鈕，表示該影片不提供字幕服務的功能。

# 6.1.6 將 YouTube 自動播放功能關閉

在 YouTube 看影片時預設會在該影片播放完畢後，自動再播放下一部推薦的相關影片，若不希望如此，可以用手動的方式將這功能關閉。

**01** 於影片播放畫面右下角可看到 **自動播放** 功能，預設為開啟狀態。(若為開啟狀態，**即將播放** 清單中的影片就會接續進行播放)

**02** 在 **自動播放** 功能為開啟的狀態下，當影片播放完畢，會出現 **即將播放** 與 **取消** 的畫面，但這個設定只有幾秒鐘的時間，若沒有立即按 **取消**，就會自動繼續播放下一部影片。

**03** 若是每次要等影片播放完畢才能取消 **自動播放** 設定，這樣顯得過於麻煩，只要在影片播放畫面右下角 **自動播放** 功能 🔘 圖示按一下，變更為 🔘 圖示關閉此功能即可，以後影片播放完畢，就會停在最後的畫面。

## 6.2 我的 YouTube 頻道與播放清單

YouTube 是全球擁有最多使用者的影音平台，不管您想看什麼類型的影片，都可以在這裡找到！

## 6.2.1 訂閱喜愛的影片頻道

若是喜歡某位明星分享的影片，可以直接訂閱對方的頻道，一旦有新的影片就會自動在首頁出現通知。

**01** 在 YouTube 畫面左上角按 ≡ 鈕，清單中選按 **訂閱內容 \ 新增頻道**。(或者也可以選按 **瀏覽頻道**)

**02** 於 **瀏覽頻道** 中輸入關鍵字搜尋並找到喜愛的頻道，再選按 **訂閱** 即可，該頻道相關影片就會出現在 **管理訂閱內容** 項目中，只要選按訂閱項目，即可進入該頁面瀏覽。

## 6.2.2 影片稍後觀看，精彩畫面不怕錯過！

影片正好看但要趕著出門辦事情，這時該怎麼辦呢？**稍後觀看** 功能可將想看的影片先儲存在播放清單，等有空時再來欣賞這些影片。

**01** 影片看到一半，可在影片播放畫面下方選按 ⊞ **新增至**，清單中核選 **稍後觀看**。

若是搜尋到等一下想看的影片，可在影片縮圖右下角選按 🕐 **稍後觀看**，呈現打勾狀即可將影片加入稍後觀看的播放清單中。

**02** 當有時間可重新觀看時，只要在 YouTube 畫面左上角按 ☰ 鈕選按 **稍後觀看**，即可看到尚未觀看完畢的影片清單。

## 6.2.3 把喜歡的影片加入播放清單

在 YouTube 看到喜歡的影片時,想要一再回味嗎?只要將影片加到播放清單並分門別類,就能隨時觀看這些影片。

**01** 於影片播放畫面下方選按 ⊞ **新增至**,清單中選按 **建立新的播放清單**,接著輸入播放清單名稱並設定隱私權狀態,再按 **建立** 鈕。

**02** 往後如果要於清單中加入相同性質影片時,只要選按 **新增至** 後,再選按播放清單名稱即可。

**03** 當想觀看此播放清單中的影片時,只要在 YouTube 畫面左上角按 ≡ 鈕,選按 **媒體庫** 中想觀看的清單名稱即可。

## 6.2.4 清除 YouTube 觀看與搜尋紀錄

在 YouTube 搜尋或觀看影片的紀錄，預設是會被保留下來，若是不想被其他人看到自己搜尋或觀看內容，可以透過清除紀錄功能加以刪除。

**01** 在 YouTube 畫面左上角按 ☰ 鈕，清單中選按 **觀看紀錄**。

**02** 進入 **觀看紀錄** 畫面，選按 **清除所有觀看紀錄** 鈕，於確認訊息再按 **清除所有觀看紀錄** 鈕即可刪除所有觀看紀錄，如果刪除後還看得到紀錄的話，只要重整一下網頁就可以了。(若只要刪除其中一筆觀看紀錄，只要在該紀錄右側按 ☒ 鈕即可)

**03** 若是要刪除搜尋影片的紀錄，可選按 **搜尋紀錄**，選按 **清除所有搜尋紀錄** 鈕，於確認訊息再按 **清除所有搜尋紀錄** 鈕即可將所有的搜尋紀錄刪除。

**point**

**不要顯示觀看紀錄和搜尋紀錄**

若是不想保留觀看紀錄和搜尋紀錄，可以分別按 **觀看紀錄** 畫面下的 **暫停追蹤觀看紀錄** 鈕或按 **搜尋紀錄** 畫面下的 **暫停搜尋紀錄功能** 鈕即可。

# 6.3 推薦好友一同欣賞

不管是自己上傳或是任一則 YouTube 上的影片，都可以與朋友分享，透過喜歡的影片製造相同話題，增進彼此之間的情誼。

## 6.3.1 與朋友分享喜歡的影片

想與朋友分享喜愛的影片？！利用 YouTube 預設的分享功能，就能讓您將最愛的影片傳送給朋友。

**01** 於影片播放畫面下方選按 **分享**，於 **分享** 標籤選按欲分享的社群圖示，在此示範 **Google+**，輸入留言，指定社交圈後按 **分享** 鈕即可。(根據不同社群服務會有不同的設定，有些可能需先做登入動作)

**02** 也可以透過寄送電子郵件的方式進行分享，選按 **分享**，於 **電子郵件** 標籤輸入收件者的 E-mail 與想傳達的訊息內容，完成後按 **傳送電子郵件** 鈕即可。

# 6.3.2 與朋友分享影片中的精彩片段

若是希望朋友能從影片某個時間點開始瀏覽，可以在要轉貼的 YouTube 網址加上時間控制碼，開啟該網址後就能從指定時間點播放影片內容。

**01** 於影片播放畫面，利用 **播放** 鈕或拖曳時間軸，選擇要播放的開始畫面 (此例時間點設定 1 分 4 秒)，再選按下方 **分享**。

**02** 於 **分享** 標籤核選 **開始時間**，右側欄位會顯示目前影片暫停的時間點，而上方 YouTube 網址最後方會加上 "?t=時間點"，接著只要複製加上時間點的 YouTube 網址，於臉書、電子郵件...等貼上，即可與朋友分享，當朋友開啟網址後，就能從指定時間點播放影片內容。

**point**

為什麼指定時間點後，影片還是從最前面開始播放？

影片即使已指定開始播放畫面的時間點，但若選按 **分享** 標籤下方的社群圖示進行分享，這樣一來影片依然會從最前面進行播放。只有直接複製加上時間點的 YouTube 網址連結至網頁或社群服務平台貼上分享，才會讓影片依指定開始的時間點進行播放。

# 6.4 將相片製作成專屬動態影片

除了用相片記錄生活、旅行中的感動,不妨換個方式,利用 YouTube 將相片集結變成動態影片作品。

**01** 按畫面右上角 **上傳** 鈕,進入 YouTube 上傳畫面,在右側 **建立 影片 \ 相片投影播放** 項目中按 **建 立** 鈕。

**02** 首先需上傳相片素材,選按 **上傳相片**,輸入相簿名稱,按 **選取電腦中的相片** 鈕開啟對話方塊,選擇要上傳的檔案 (可按 Shift 鍵不放多選),再按 **開啟** 鈕 開始上傳。

(如果想要使用 Google 相簿中的相片來製作,需先於 Google 相簿中將相片整理 至 **相簿**,這樣才能於 **YouTube** 選取您要加入投影播放的相片 畫面 **相簿** 標籤內 看得到。)

**03** 上傳完畢，於相片縮圖可以使用拖曳方式調整其前後順序，再於右下角按 **下一步** 鈕。

**04** 於 **編輯設定** 畫面，設定適合的 **投影片播放時間** (每張相片呈現的時間長度) 與 **轉場效果**，並選擇合適 **音訊** (選按每首背景音樂項目可以試聽音樂)，按 **上傳** 鈕即可完成。

最後再輸入基本資訊與設定影片縮圖，待影片處理完畢後按 **發佈** 鈕即完成製作。

**05** 當想觀看或分享此影片時，只要在 YouTube 畫面左上角按 ☰ 鈕選按 **我的頻道**，在 **上傳的影片(公開)** 項目下，即可看到剛剛上傳的影片 (隱私權為 **公開** 的影片)。(若想瀏覽隱私權為 **非公開** 或 **私人** 的影片時，可於 **我的頻道** 畫面上方選按 **影片管理員**，即可看到上傳的所有影片。)

# 延伸練習

## 一、問答題

1. 在 **瀏覽頻道** 中有哪些 YouTube 精選項目？請提列至少三項。另外，除了訂閱方式外，還可以使用何種方式收藏喜愛的影片？

2. 請詳述說明 YouTube 字幕翻譯的操作過程。

## 二、實作題

1. 登入 YouTube 帳號後首先建立頻道並新增「SNDS」播放清單，搜尋您喜愛的影片歌曲，新增至 SNDS 播放清單中，完成至少 3 首以上的歌曲新增動作。

2. 請將您收藏的 SNDS 播放清單分享給朋友，於 SNDS 播放清單畫面中，利用電子郵件的方式傳送給朋友。

# 影片剪輯沒煩惱
## YouTube

· 將拍攝好的影片上傳 YouTube
· 編輯上傳好的影片
· YouTube 的影片編輯器

# 7.1 將拍攝好的影片上傳 YouTube

YouTube 是目前網路最熱門的影音分享平台，將自製的影片直接上傳就能輕鬆分享至全世界。

## 7.1.1 上傳影片輕鬆分享

YouTube 所支援的影片檔案格式包含 .MOV、.MPEG4、.AVI、.WMV、.FLV、3GPP、.MPEGPS 和 .WebM，若是不符合以上影片格式，建議先進行轉檔。

**01** 開啟 Chrome 瀏覽器連結至 Google 首頁 (https://www.google.com.tw)，確認已登入 Google 帳號後，選按 ▦ **Google 應用程式** 中的 **YouTube** (若找不到可按 **更多 Google 應用程式**)。

**02** 登入後，於 YouTube 畫面右上角，按 **上傳** 鈕。

**03** 於畫面中間設定影片的隱私權後，選按 **選取要上傳的檔案**，開啟對話方塊選擇本機電腦中要上傳的檔案 (或本章範例練習 <製作 Pizza.mp4> 檔案)，再按 **開啟** 鈕。(如果想要上傳 Google 相簿中的影片，可選按畫面右側 **從 Google 相簿匯入影片** 下方的 **匯入** 鈕)

**04** 在檔案上傳中，可著手輸入影片基本資訊，選按 **進階設定** 標籤中還可設定更詳細的資訊與權限。

**05** 當影片處理完畢後，在 **基本資訊** 標籤下方可設定影片縮圖 (觀眾可藉由影片縮圖來概略了解影片內容)，再按 **發佈** 鈕，就完成影片上傳的動作。

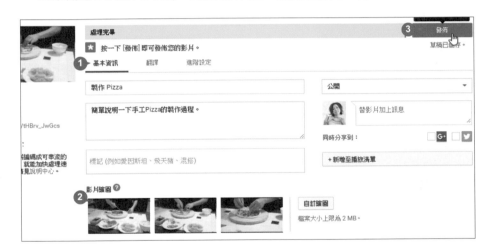

**06** 想觀看上傳的影片時，只要在 YouTube 畫面左上角按 ☰ 鈕，清單中選按 **我的頻道**，在 **上傳的影片(公開)** 項目下，即可看到剛剛上傳，隱私權為 **公開** 的影片。(若想瀏覽隱私權為 **非公開** 或 **私人** 的影片時，可於 **我的頻道** 畫面最上方選按 **影片管理員**，即可看到上傳的所有影片。)

## 7.1.2 上傳超過 15 分鐘的影片

YouTube 預設上傳的影片時間長度限制為 15 分鐘,若想上傳超過此時間長度的影片,可利用 **放寬限制** 功能,即可上傳較大的檔案。

**01** 於 YouTube 畫面右上角按 **上傳** 鈕,進入上傳的畫面,在下方 **說明和建議** 項目選按 **放寬限制**。(若您的畫面中沒有出現此項目,表示已設定了放寬限制,可選按 YouTube 畫面右上角帳戶圖像縮圖 \ **創作者工作室**,再選按畫面左側 **頻道 \ 狀態與功能**,可看到已核選 **您現在可以上傳長度超過 15 分鐘的影片。**)

**02** 進入 **帳戶驗證** 設定畫面,選取所在的國家/地區、核選 **透過簡訊傳送驗證碼給我**、輸入有效的行動電話號碼,再按 **提交** 鈕取得驗證碼簡訊。

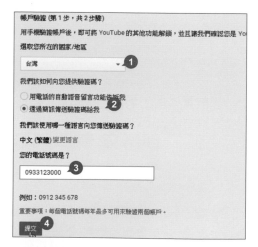

**03** 這時手機會收到傳送驗證碼的簡訊,輸入驗證碼後,再按 **提交** 鈕進行驗證,完成驗證就可以上傳長度超過 15 分鐘的影片。(這樣一來可上傳的檔案大小上限是 128GB,影片長度上限是 11 個小時。)

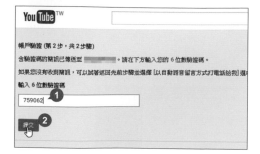

## 7.2 編輯上傳好的影片

YouTube 平台除了可以保存您所上傳的影片外,它還額外提供了一些簡單的影片編輯功能,讓您能分享品質與質感更佳的影片。

## 7.2.1 強化上傳影片的品質

在天候不理想、手持晃動或室內光線不佳的狀況下拍攝的影片,可在 YouTube 利用 **編輯** 中的 **強化** 功能來修正或加強影片播放的效果。

### 使用自動修正強化影片

**01** 進入 YouTube 首頁,選按右上角帳戶圖像縮圖,清單中按 **創作者工作室** 鈕。

**02** 進入 **創作者工作室** 畫面,選按 **影片管理員 \ 影片**,在要編修的影片右側選按 **編輯** 清單鈕 \ **強化**。

**03** 於 **強化** 標籤進行影片 **調整亮度、對比、飽和度**...等數值調整,如果對這些編輯不熟悉的話,建議選按 **自動修正** 鈕,由 YouTube 幫您為影片打光及色彩修正。

## 製作縮時攝影並套用影片風格效果

**01** 於 **縮時攝影** 項目中選按 **2 倍** 鈕，接著於 **篩選器** 標籤中選按合適的風格套用 (本範例套用 **Lomo 風格**)，最後選按 **儲存** 鈕，完成影片強化動作。

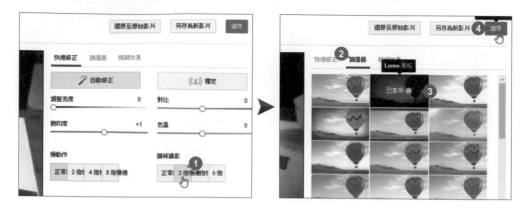

**02** 再選按 **儲存** 鈕確定修正，接著就會回到 **影片管理員** 主畫面，即會看到剛剛編輯的影片縮圖上呈 "編輯中" 的狀態，此時的影片是無法再做其他 **強化** 的修正，必須等一段時間處理完成 ( "編輯中" 的字樣會不見)。

point

### 將影片另存為一個新影片

如果不想上傳的影片，在經 **強化** 編輯後失去原始檔狀態，可以在儲存時選按 **另存為新影片** 鈕，這樣就會以複製的方式儲存成另外一個新的影片。如果之後對修正的效果不滿意時，可以選按 **還原至原始影片** 鈕，將所有修正的效果刪除並還原成原始影片。

## 7.2.2 為上傳的影片搭配背景音樂

上傳的影片沒有配個音樂似乎有些單調,即使不懂編曲也沒關係,YouTube 線上提供了許多背景音樂,可輕鬆套用。

**01** 在 **創作者工作室** 畫面,選按 **影片管理員 \ 影片**,於要加入背景音樂的影片右側選按 **編輯** 清單鈕 \ **音軌**。

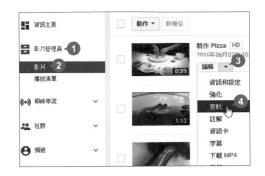

**02** 於編輯畫面,選按 **熱門曲目** 清單鈕,在清單中選擇合適的音樂類型,接著再選按曲目名稱即可試聽。

**03** 選好合適的配樂後,於預覽畫面下方拖曳 **僅使用音樂** 的滑桿,可以控制混音結果 (使用原始音效多一點或是少一點),最後完成按二次 **儲存** 鈕即可。

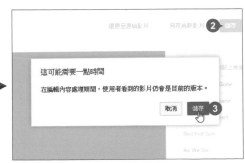

# 7.2.3 為上傳的影片製作字幕

為了讓瀏覽者可以更清楚影片所呈現的內容,加上字幕是最好的方式,字幕與一般文字不太相同,需固定在影片下方,建議以黑底白色方式呈現。

**01** 在 **創作者工作室** 畫面,選按 **影片管理員 \ 影片**,在要加入字幕的影片右側選按 **編輯** 清單鈕\字幕。

**02** 於編輯畫面選按 **選取語言** 選擇合適的語言,按 **設定語言** 鈕,再選按 **新增字幕 \ 中文 (台灣)**,接著可依需求選擇合適的方式為該影片增加字幕,在此選按 **建立新字幕**。

**03** 拖曳時間軸指標移至欲增加字幕處,接著於左側欄位輸入相關文字內容後,按 ➕ 鈕即可加入字幕。

**04** 於播放內容畫面下方可以調整字幕的開始與結束時間，完成後再播放一次即可在畫面中看到剛剛加入的字幕內容。

**05** 依相同操作方式，參考下圖一一完成其他時間軸上字幕的新增，期間可以利用畫面右下角的滑桿來控制字幕時間軸的縮放尺寸，選按 **發佈** 鈕完成字幕的建立，接著於播放工具列中按一下 ▶ 播放鈕觀看。(如觀看時沒有出現字幕，請於播放工具列右側按一下 🖽 **字幕** 鈕開啟即可。)

---

**point**

### YouTube 可支援的字幕檔格式

YouTube 可以上傳字幕檔或在線上直接建立字幕，字幕檔案可支援 *.srt 與 *.txt 二種檔案格式，字幕檔 (*.txt) 裡需包含文字與時間碼，時間碼是設定每一行字幕出現與結束的時間，建議字幕檔存成 UTF-8 編碼，避免播放影片時出現亂碼。

## 7.2.4 為上傳的影片添加註解

為上傳的影片增加一些文字註解，可豐富影片的內容，但建議不要同時使用太多不同樣式的註解，才不會分散瀏覽者的注意力。

**01** 在 **創作者工作室** 畫面，選按 **影片管理員 \ 影片**，在要加入註解的影片右側選按 **編輯** 清單鈕 \ **註解**，這時利用播放控制列先暫停在要加入註解的時間點，然後於右側選按 **+ 新增註解** 清單鈕，再選擇合適的註解使用 (本範例選按 **對話說明圖示**)。

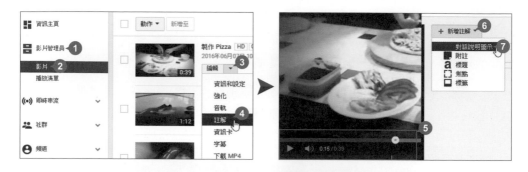

**02** 在插入該註解後，於右側欄位輸入註解說明文字，並設定文字及圖示的色彩。

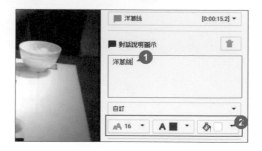

**03** 於影片畫面中拖曳註解圖示上的控點可以調整圖示的尺寸，不同的註解圖示還有其他的控點 (本範例的註解圖示附有箭頭方向的控點)；完成尺寸調整後，拖曳註解圖示中心位置可以變更擺放位置。

**04** 接著於時間軸下方拖曳註解框來變更顯示的時間，或是利用右側的 **開始** 與 **結束** 來設定更精準的顯示時間。

**05** 依相同操作方式，於欲新增註解的時間點上選按 **+ 新增註解** 清單鈕，再選擇合適的註解，然後輸入說明文字內容後，拖曳註解圖示上的控點調整出正確的尺寸與樣式，最後再運用右側 **開始** 與 **結束** 設定時間 (這邊時間設定與上一個註解同時出現，所以設定為相同的時間點)。

**06** 在相同時間點，依序完成其他食材的註解圖示建立，最後於畫面右上角選按 **儲存** 鈕 (或 **套用變更** 鈕)，再按一下 ⤶ 鈕即可回到 **影片管理員** 主畫面。

# 7.3 YouTube 的影片編輯器

使用 YouTube 影片編輯器可以把已上傳的影片片段合併起來，製作成新的影片，還可以透過編輯器套用預設的影片風格效果，讓影片看起來更具特色。

## 7.3.1 開啟編輯器畫面

要使用 YouTube 影片編輯器合併影片前，需先將要運用的影片上傳至 YouTube 平台中 (請參考 P7-2 的操作說明)，接著再開啟編輯器畫面即可開始製作。(您可以上傳個人的影片檔，或是使用本章範例練習中附的影片檔。)

**01** 進入 YouTube 頁面後，選按右上角帳戶圖像縮圖，清單中按 **創作者工作室** 鈕，接著於左側選按 **創作工具箱 \ 影片編輯器** 開啟編輯畫面。

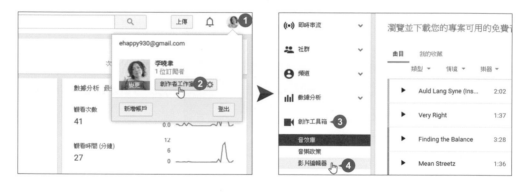

**02** 於畫面中除了專案名稱外，右側還有已上傳影片的資料庫縮圖，以及其他像是 ⊚ (創用 CC 影片)、⊡ (插入相片)、♪ (插入音軌)...等編輯項目，接著就可以利用這些功能來編輯新的創作影片。

## 7.3.2 編修並合併已上傳的影片

在編輯畫面中除了可以快速合併影片外，也可以剪裁影片所需的時間長度。

**01** 於 📹 標籤，拖曳影片資料庫中要合併的第一段影片至下方時間軸上擺放。

**02** 原本影片資料庫的清單會變成編輯畫面，您可以針對影片的性質做出合適的編輯，像是本範例於 **快速修正** 標籤中核選 **自動修正** 功能，再於 **篩選器** 標籤中選按 **Lomo 風格** 套用。

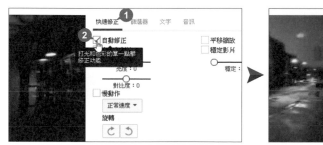 

**03** 於 **文字** 標籤核選 **啟用文字**，接著設定合適的 **字型**、**大小**、**對齊**...等項目，最後再於 **文字** 欄位中輸入內容即可。

**04** 由於影片最後會搭配其他音效,所以於 **音訊** 標籤中,拖曳 **音量** 滑桿至最左側讓影片變成靜音狀態。

**05** 於時間軸影片的縮圖上按一下滑鼠左鍵,接著將滑鼠指標移至影片縮圖左側的藍色邊線上呈 ╫ 狀,按滑鼠左鍵不放往右拖曳即可修剪影片起始時間點,再依相同操作方式按右側的藍色邊線不放往左拖曳修剪影片結束時間。

**06** 完成基本編修後,按一下右側的 **✕ 關閉** 鈕即可。(編修過程編輯器會自動儲存所有的變更項目)

**07** 最後依相同操作方式,插入第二段及第三段影片片段,再分別完成影片剪裁、套用 **篩選器** 效果、**啟用文字** 並設定樣式、取消 **音量**...等動作,完成後再利用預覽畫面來檢查剪輯後的影片是否還有需要修正的部分。

## 7.3.3 在影片中加入相片

利用插入相片的功能，將相片製作成影片的封面標題畫面使用。

**01** 於 📷 標籤，選按 **新增更多相片** 鈕，接著於 **上傳相片** 標籤按一下 **選取電腦中的相片** 鈕，開啟本章範例練習檔的 <標題.jpg>，按 **開啟** 鈕上傳。

**02** 待上傳完成後，在 📷 標籤中即會自動產生一相片，拖曳相片縮圖至時間軸影片起始處擺放，這樣待會兒就可以利用這張相片製作標題畫面。

## 7.3.4 為影片加入片頭與片尾標題

使用剛剛插入的相片製作影片片頭，然後再利用預設的標題項目完成影片片尾。

**01** 於時間軸上選按相片縮圖後，於 **文字** 標籤中核選 **啟用文字**，並在項目中設定合適的字型與樣式，輸入文字內容後，按一下右上角 ⊠ **關閉** 鈕即可。

**02** 回到編輯主畫面，於 **ⓐ** 標籤中選擇合適的標題拖曳至時間軸片尾處擺放即可 (本範例選擇 **滑動**)，接著設定標題的 **字型**、**大小**、**方向**...等項目並輸入文字內容，完成後於右上角按一下 ⊠ **關閉** 鈕。

# 7.3.5 為影片加入轉場效果

完成了基礎影片片段的設置後，接著就可以為各影片之間製作轉場效果。

**01** 於 ⏭ 標籤中選擇合適的轉場效果 (本範例使用 **交叉漸變**)，拖曳至下方時間軸上，第一張相片與第一段影片片段中間位置擺放。

**02** 設置好第一個轉場效果後，預覽畫面即會自動播放影片，依相同操作方式──在第二段、第三段及片尾之間插入合適的轉場效果。

**point**

### 轉場效果的變更

部分轉場效果在設置完後還有相關項目可進行變更，只要依照喜愛的模式完成調整後，於右上角按一下 ⓧ **關閉** 鈕即可。

## 7.3.6 為影片加入配樂

截至目前為止，算是完成所有影片的合併與編輯動作，最後只要再搭配上背景音樂，就可以完成一個新影片的建立。

**01** 於 ♪ 標籤中，選按 **類型** 清單鈕，接著在清單中選按合適的類型 (本範例選按 **鄉村與民謠**)。

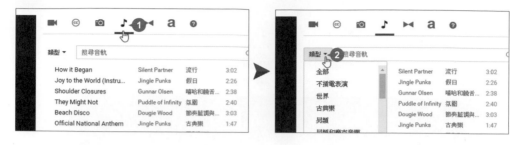

**02** 將滑鼠指標移至歌曲前出現 ▶ 時，按一下即可試聽該配樂內容，確認要使用哪一首歌曲後 (也可參考播放長度選擇合適的配樂)，直接拖曳擺放至時間軸下方的音軌上即可。

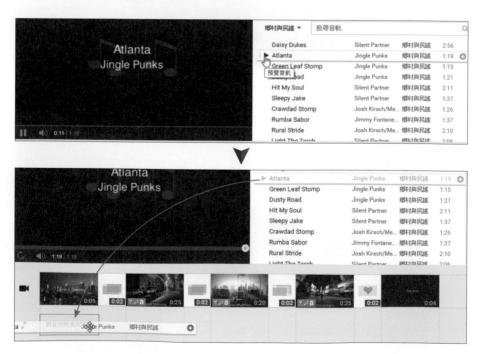

**03** 將滑鼠指標移至音軌最後方呈 ⊞ 狀，往左拖曳藍色邊線剪裁出合適的音樂長度，完成後於右上角按一下 ✕ **關閉** 鈕即可。

# 7.3.7 完成影片建立並發佈

完成影片所有的編輯動作後，幫影片取個好聽的名字，就可以發佈影片了。

**01** 於畫面左上角 **專案** 旁的欄位按一下滑鼠左鍵，重新命名這個影片的名稱後，再於右側選按 **建立影片** 鈕，就可以將影片發佈出去了。

**02** 這時會切換至處理畫面，並顯示目前處理進度的百分比，待進度至 100% 完成後，您就可開始觀賞完成的作品。

## 延伸練習

### 一、問答題

1. YouTube 所支援的影片檔案格式包含哪些？請提列至少五項。

2. 在 YouTube 要上傳超過 15 分鐘影片需完成哪些操作步驟？請簡述說明過程。

### 二、實作題

1. 試著將本章延伸練習 < 咖啡製作.mp4> 影片檔案，上傳至 YouTube 平台並發佈。

2. 將上傳完成的影片利用 **編輯** 功能替影片套用 **強化** 功能中的 **自動修正**、**2 倍速度**、**穩定** 項目，並於 **篩選器** 標籤中套用 **復古** 風格，最後再儲存重新發佈影片。

# 8

# 網路拍賣的
# 考量與實務

# 8.1 網路拍賣狂潮來襲

網路拍賣藉由網路世界的無遠弗屆、老少咸宜，基本簡約的資金成本，進可攻 (全職經營)、退可守 (副業或兼差) 的靈活調配，輕輕鬆鬆實踐自己開店當老闆的夢想。

## 8.1.1 網拍是網路創業的首選

關於網路拍賣，或許大家已經聽過太多傳奇的故事。網路的無遠弗屆，無所不在，改變人們消費的方式與交易習慣。越來越多人習慣宅在家裡，進行網路消費，找尋自己所需要的物品，因為在網路的世界中什麼都有、什麼都賣、什麼都不奇怪。越來越多人更開始利用這個窗口，將自己生活、工作中已經不需要的物品，交換成另一樣需要的物品或是販賣到一個意想不到的價格。

也因這個創新的交易方式，人們開始審視自己身邊的資源，因為這些視為垃圾的物品或許就是明日網路拍賣上搶手的熱門商品。也因此在網路拍賣的世界中，充滿了廢物再利用，石頭變黃金，窮人一夕致富，輸家鹹魚翻身的正面教材。

## 8.1.2 淺談網路拍賣的二三事

拍賣有很多型態，早期流傳於歐美的車庫拍賣、專業高價的佳士得與蘇富比拍賣、或是夜市的玩具小物喊價叫賣。

什麼是網路拍賣？與一般的買賣有什麼不同呢？所謂網路拍賣，是買賣雙方透過網路為媒介，由賣方提供商品及參考價格，讓買方自行評估該商品的價格進行出價競標的商業活動。這樣的買賣模式與傳統的交易不同在於：它能讓買方對產品價格的決定擁有參與權，而非被動接受賣方所訂定的價格來交易。

所以在這個狀況下，拍賣商品的價格只是參考，最後決定結果可能會有很大的出入。而這個差別也就是拍賣魅力之所在！因為買家可能用低於預期很多的價格買到夢想中的商品，也可能用高於標價很多的金額出清手上存貨！

而網路拍賣的交易方法也十分方便，買賣雙方不必見面寒暄，買方只要在賣方規定時間內對感興趣的商品出價，在時間截止後以最高出價者得標，擁有其商品的購買權，然後雙方再議定交易付款的方式，完成最後的結果。網路拍賣的整個交易流程配合周全的系統支援，週邊的金流、物流廠商加入，不僅大幅節省了買賣之中金錢與時間的浪費，又能讓買賣雙方各取所需，也無怪乎這個市場會如火如荼的倍數擴張，也成為許多人躍躍欲試的創業入口。

# 8.1.3 網路拍賣的優勢與缺點

## 網路拍賣的優勢

1. **對於賣家來說**：網路的使用沒有時間、地域的限制，所以賣家的市場拓展可以遍及全球。在網路上沒有高額的管銷費用與店面成本，無論在開源節流的成效上都是讓人驚豔的。

2. **對於買家來說**：在網路的窗口中，不僅可以找到琳琅滿目、種類繁多的商品，而且同質的項目還能找到許多不同廠商，不同特性來比較，最過癮的是還可以就價格預算來比較出價，擁有實質的交易權利，網拍可說是買方市場的象徵。

所以無論買賣雙方都可以在這個方式下以最低成本獲得彼此想要的結果，我們不得不說，全民拍賣的世紀已經來臨！

## 拍賣制度的缺點

1. **虛擬交易的風險**：因為透過網路當媒介，所以無法當場看到交易商品的外觀現況，既使有再詳細的文字說明，再清楚的產品照片，還是會讓交易存在一定的風險。

2. **商品開箱後問題**：在交易前除了無法先行了解商品的狀況，有些商品甚至無法試用，所以常會有貨品交易完成後不符所需的狀況，造成無端的糾紛。

3. **交易過程靠誠信**：買賣雙方在交易時誠信是唯一仲裁的水平，如果有一方刻意取巧，留下不實的個人資料，或隱瞞商品瑕疵狀況，都會讓交易的任一方造成傷害。

4. **網拍是詐騙溫床**：網路拍賣詐騙事件時有所聞，而且手法日益翻新，讓交易的流程時時都要考量風險，進而減低消費購買或是貨品銷售的意願。

以上所提狀況都還是最明顯可見的缺點，台灣的網路拍賣生態又更多元，不僅有個人對個人的 C2C 商務模式，也有公司行號來加入戰局，產生企業對個人的 B2C 商務模式；而且傳統拍賣主要是出售自己不用的舊品或是二手物，現在網拍上販售全新商品已經是屢見不鮮，其他無論是在制度上、流程上、交易上或是經營上都可能會遇到其他大大小小的事件，新進的賣家在決定進入拍賣市場時要千萬注意留心。

# 8.1.4 網路拍賣市場的發展現況

隨著網路消費的習慣與模式漸漸成熟，以往大部分的賣家都以經營副業心態或是出清身旁多餘的物品為主，沒有存貨壓力，也能帶來收入。但是隨著網路拍賣的蓬勃發展，有許多賣家以專職的角度來經營這個市場，商品的總類數量更多，對於交易安全與客戶服務的要求也與日遽增。

未來賣場的經營只會更競爭，要如何才能讓自己在這個高倍數成長的網路拍賣市場中佔有一席之地？要如何讓網路拍賣的運作帶來成就與財富？掌握市場的脈動是成為一個人氣賣家的必修功課。

## 專職賣家的加入

許多經營賣場的賣家不再以業餘自居，進而轉以更積極的經營角度來面對這個市場。由貨源的找尋、存貨的估計、賣場的佈置與活動的行銷，其操作方式與一般實體店面的運作越來越相似，甚至有些賣家可以結合實體店面來進行全面的經營。

這樣的趨勢讓拍賣市場上的商品不僅在販售、客服及交易時的制度更加成熟，也促進市場競爭。對於買家更是一個大利多，不僅有更新更多而且更便宜的產品，也能享受與一般購物相同的保障。

**OB 嚴選 (www.obdesign.com.tw)** 一路從網拍賣家走到開設實體旗艦店，是網拍界的傳奇教材！

## 商品選擇的激增

在網路拍賣市場剛形成時，交易的商品數量乏善可陳，消費者的選擇相對不足，交易量也就不大。而隨著拍賣市場的競爭，更多廠商與賣家的加入，能夠提供更豐富更齊全的產品，加上每種商品的樣式、種類及價格都彼此競爭，整個拍賣市場也因此而熱絡，讓一個虛擬市場能夠因此而吸引大量的人潮。

## 對於交易安全與客戶服務的要求

因為交易的頻繁熱絡，衍生出許多網路交易安全性上的質疑與要求。網路詐騙的案件層出不窮，對於消費者面對網路拍賣時的信心就會有所影響，如果賣家能夠提供更安全更周詳的安全性保障，對於買家的購買意願也會相對提高。

過去有許多賣家認為網路拍賣在客服的要求上可以馬馬虎虎的心態也快速轉型中，能重視產品的保固，與客戶有良好的互動，提供一個更優質的購物環境，已經是一個成功賣家不得不重視的課題。

國內兩大拍賣平台，時時都保持千萬件的商品數量，分類更是琳瑯滿目！

## 網路行銷的投入

經營網路拍賣市場，除了讓自己不陷入惡性競爭的泥沼，更希望走出寬廣的一片天，所以有越來越多的賣家投入相當的精神與金錢在行銷管道上！賣家推出的產品不但樣式要新、功能要多、價格要低，增加產品曝光度都是讓生意興隆的重要關鍵！在虛擬的網路行銷領域除了要投入相對心力外，也要搭配實體的廣告宣傳，並要能隨時掌握網路拍賣的趨勢和變化，才能擁有絕佳的網路行銷優勢。

面臨成熟的網拍市場，賣家的工作只會越來越沈重。因為賣家除了要面對不斷湧入的競爭對手、各式五花八門的商品外，還要兼顧客服與行銷，利潤空間就會越來越被壓縮。

能熟練掌握拍賣工具，找尋質量兼具的優良商品，秉持勤勞誠懇的服務態度，都是面對拍賣市場瞬息萬變的趨勢下不變的經營理念。

# 網路拍賣平台的選擇

隨著網路拍賣市場的興盛，許多網路業者不斷投入這個市場的開發與經營，拍賣平台的設立已經成為各大入口網的兵家必爭之地，身為賣家在選擇經營的賣場時，評估使用的拍賣平台就相當重要。

## 8.2.1 選擇拍賣網站的要點

就如同在開一家實體店面時，要考慮店面所在地的人潮、交通與消費能力時是一樣的，如果在第一步就沒有選對方向，無論未來如何努力搶救改善，都只有事倍功半的效果。要如何選擇一個適合的拍賣平台呢？以下提出幾點參考建議：

1.  參與會員的人數：這是一個最重要的考量點，在拍賣市場中會員人數多寡決定了商店的成功與失敗。在一個人氣不足的賣場中，對於買家來說就少了許多產品的選擇或是價格比較，對於賣家來說就沒有足夠訂單或顧客的詢問，惡性循環下就會讓賣家很難經營。

2.  拍賣系統的功能：一個良好的拍賣系統，除了可以讓買家快速的搜尋、追蹤所需要的產品，也要提供賣家在經營管理上實用的設計。所以要注意的是拍賣的分類項目是否詳細清楚，產品的搜尋功能是否多元精準，賣場設計是否功能齊全，產品上架動作是否簡單方便，訂單分析管理的流程是否合宜...等。

3.  服務收費的方式：雖然大部分的拍賣平台不需要付費刊登，但是有越來越多的拍賣網站已經開始實施或考慮施行收費的制度。收費的原因除了要支持拍賣系統在經營上的支出，讓企業能投入更多心力於研發客服外，也能扼止不願認真經營或是任意刊登大量重複、品質不良商品的賣家進入賣場。

    但是對於賣家來說，服務費用的收取是經營成本的一環，必須要仔細了解網站中收費的標準與方法，以及可以享受的權利與義務。

## 8.2.2 國內大型拍賣平台推薦

如果可能的話，各個網路拍賣平台都應該加入，畢竟有多個經營窗口總是好的，尤其不收費用的更該優先考量。不過對於剛開始起步的網拍新手，總是希望可以早日賣出商品，完成第一筆交易。如果能夠把商品刊登在人潮最多的平台上，相信可以提高賣出的機率。

因此，建議剛剛加入網路拍賣的新手店長們，先集中心力投身目前國內規模較大、效益廣泛的網路拍賣平台，日後再陸續進駐其他平台。

根據之前的要點分析，目前國內大型網路拍賣的選擇名單已經呼之欲出。綜觀訪客進站人數、會員人數、交易筆數、系統功能，我們極力推薦各位賣家首先要加入的兩大網路拍賣平台："Yahoo! 奇摩拍賣" 與 "露天拍賣"。

## Yahoo! 奇摩拍賣 (台灣雅虎)

從 2001 年開始，經營至今除了擁有最多的使用會員人數外，其拍賣市場上的產品數量也是十分驚人。首先，拍賣會員的審核認可採取嚴謹態度，除了個人資料驗證、電子郵件驗證還有手機號碼認證機制 (對於安心賣家更須通過信用卡資料確認)，對於買賣雙方的交易安全保障投入相當努力。拍賣系統的功能設計上，不僅根據買賣雙方的需求不斷更新調整，並且持續引入不同的交易機制，提供拍賣流程中使用者來選擇。

在賣場經營上，Yahoo! 奇摩拍賣擅長利用入口網站的資源輪播拍賣系統中的人氣商品，以流行話題或節日舉辦活動，包裝成不同的方式來行銷，並開放新一代廣告曝光機制，讓商品亮相的程度提高許多。

Yahoo! 奇摩拍賣的 "網拍大學" 提供免費網拍課程，而 "會員日" 更提供抽獎，這些都是很完善的網拍服務與貼心回饋活動，吸引很多新舊會員的支持。

Yahoo! 奇摩拍賣會收取賣家上架商品刊登費，及拍賣成功的交易手續費，而拍賣的賣場又依據規格與功能不同，分成下述兩大類：

1. 一般型賣場：加入網拍會員即可使用，適合網拍新手，也是最多賣家使用。賣家於商品刊登時，需要支付刊登費 (自 2014/09/10 起，因為慶祝改版而暫先免收)，而商品賣出之後，還要再支付成交手續費 (原本各類商品另有規定成交費收取的上限，或是特殊項目不用再支付，而自 2015/02/01 起，所有品項統一調降到 1.49 %)。

**Yahoo! 奇摩拍賣的 "一般型賣場" (tw.bid.yahoo.com)**，目前慶祝全新改版而暫時免收刊登費！

2. 拍賣市集：之前分為 "一般商店" (月付：990元) 和 "旗艦商店" (月付：3,000元) 兩種等級，加入拍賣市集的賣家，除了可在一般賣場可以看見，還另外集中在商店大街專區。目前已經合併兩者，全面更名為 "店舖"，原 "商店大街" 也更名為 "拍賣市集"，每月 990 元，升級到享用旗艦商店功能 (原價：3,000 元)。

**Yahoo! 奇摩拍賣的 "拍賣市集" (tw.store.bid.yahoo.com)**

拍賣市集除了一般型賣場的功能外，還包括：版面設計、自訂分類、促銷商品、商品情報、使用長刊期刊登功能、獲得 30 天的拍賣首頁 "品牌主打" 版位的曝光機會、拍賣市集招牌與商品播出優勢，並享有最高 10 萬份的電子報發送系統。

雖然 Yahoo! 奇摩的 "拍賣市集" 所提供的功能很多，可是申請資格也較高，所以不是想付費就可以加入，必須具備較長的網拍經營時間 (加入 Yahoo! 奇摩拍賣的時間超過 60 天)、擁有較高的拍賣正面評價 (大於或等於 30 以上)，才能申請加入。

# 露天拍賣 (PChome & eBay)

PChome 為了要和 Yahoo! 奇摩拍賣進行抗衡，於 2006 年 9 月成立 "露天市集國際資訊股份有限公司" (簡稱：露天拍賣)，作為 PChome 與 eBay 共同合資成立的拍賣網路服務公司，推出網路拍賣。

最初秉持免收刊登費、免收成交費的信念，在當初 Yahoo! 奇摩拍賣獨排眾議、毅然決然地宣布收費時，成為爆發該波雅虎拍賣會員出走潮之下的平台轉換首選。

因為與當初跨海來台成立第一個網路拍賣平台的 eBay 技術合作，所以能夠進行跨國交易，賣家不需信用卡認證也降低申請門檻，因而日益壯大，雖然一直維持免收刊登費，可是後來也跟進宣布要收取手續費，從一開始依據成交費用的 1.5% 為準，而自從 2014/12/15 起，竟然調漲為 2% (拍賣商品的成交手續費上限依類別皆有所不同，而不動產、服務類別除外)。

露天拍賣 (www.ruten.com.tw) 目前還推出手機版網站

## 拍賣網站的收費問題

雖然上述國內的兩大拍賣平台目前都已經要收費，不過因為買賣交易熱絡、商品流動快速，眾多賣家仍是趨之若鶩，之後將針對 Yahoo! 奇摩拍賣整理詳細的收費項目。

# 認識 Yahoo! 奇摩拍賣

打著 "什麼都有、什麼都賣、什麼都不奇怪！" 的口號，Yahoo! 奇摩拍賣將這一個特殊的網路交易模式，深植到每個人的心中。

## Yahoo! 奇摩拍賣首頁介紹 (1)

**拍賣搜尋**：可以利用關鍵字、商店名稱、拍賣代號、商品編號，或是進階搜尋功能，找到符合條件的拍賣商品

**分類館別**：將熱門拍賣商品以各館方式進行分類

**會員工具列**：會員可以快速進入後台並且管理買賣狀況

拍賣首頁1

**拍賣大學**：針對剛剛加入網拍的新手設立拍賣教室

**拍賣焦點**：目前被買家熱搜的商品

**拍賣分類**：這個區塊裡面有詳細的商品分類，讓買家可以快速購買

**拍賣市集**：這是拍賣店鋪的專區

**服務 +**：刊登費較高的商品與勞務，所獨立放置的廣告區塊

**搶鮮活動**：最新上架或流行商品活動

**公益拍賣**：以公益為主的拍賣活動，歡迎大家共襄盛舉

**推薦商品**：針對近期熱賣的推薦商品做隨機廣告

**拍賣部落格**：官方部落格，裡面常會發表一些優惠訊息

**品牌主打**：這是付費購買的廣告區塊之一，強打賣場與商店品牌，快速建立形象

交易安全：交易安全宣導專區

主題活動：主題活動專區

# Yahoo! 奇摩拍賣首頁介紹 (2)

拍賣
首頁2

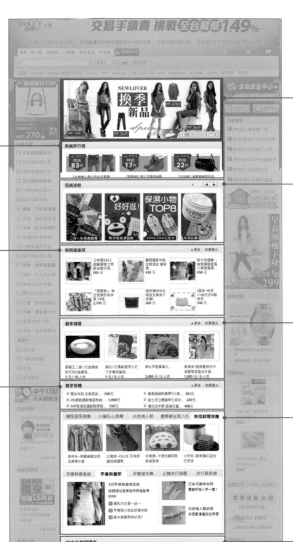

活動訊息：文字活動快報與應景的廣告圖片看板

熱銷排行榜：每週拍賣直購品累積下標總人次的排行榜

促銷活動：主題式促銷活動

熱銷搶搶滾：為拍賣首頁新增版位，讓商品在首頁更容易吸引買家目光！

賣家精選：可以支付少許廣告費用即可圖文並茂地呈現進行強力曝光

賣家推薦：這是付費購買的黃金版位廣告區塊

分類館活動訊息：將熱門拍賣商品以各館別活動做分類，包含："一般型賣場"、"拍賣店舖"、"超級商城"，還有各項流行訊息與生活新知。

中古名車照過來 分類廣告

# 開通 Yahoo! 奇摩拍賣的賣家帳號

在進入 Yahoo! 奇摩拍賣大展拳腳前,取得賣家的資格是目前的第一件要務。如此才能進入這個逐夢的大觀園,站在巨人的肩膀上,實現致富的理想國。

## 8.4.1 Yahoo! 奇摩拍賣註冊確認的程序

無論是一般型賣場或是商店大街,都必須先通過會員申請,以下是 Yahoo! 奇摩拍賣註冊程序示意圖:

在整個註冊流程中,Yahoo! 奇摩拍賣很嚴謹地佈署了多個認證過程,雖然在註冊上或許比不上其他賣場來得方便,其流程在許多人眼中更是件十分麻煩的事,但是 Yahoo! 奇摩拍賣卻堅持利用這樣的機制來確保所有在賣場中所進行的交易都能夠安全平順,並能具體保障所有買家賣家的交易權益。

### Yahoo! 奇摩拍賣是否需要通過信用卡認證?

之前的 Yahoo! 奇摩拍賣規定,賣家必須經過信用卡認證才能進行商品刊登,這是為了強化買家對於賣家的信賴,展現買賣誠意,增加彼此交易意願。

不過自 2009/10/28 起,已經移除信用卡的認證,只需要完成會員資料、電子信箱、手機號碼確認,即可完成買家身份。如果再加上通過賣家手機認證,就能當上賣家,立即使用 Yahoo! 奇摩拍賣的所有買賣功能。

# 8.4.2 註冊成為 Yahoo! 奇摩的會員

如果之前成功申請過 Yahoo! 奇摩的網站會員，那已經是 Yahoo! 奇摩拍賣的 "準會員" 了，可以跳過這裡到下一節的內容，進行拍賣會員的認證動作。如果還沒有 Yahoo! 奇摩的帳號，請按照以下步驟來申請註冊成為 Yahoo! 奇摩新會員。

**01** 請開啟瀏覽器，進入 Yahoo! 奇摩拍賣的首頁 (http://tw.bid.yahoo.com)，選按右上方的 **立即註冊** 連結文字進入下一步。

**02** 請依序輸入各項所需填寫的個人資訊，完成申請表單中所有的欄位填寫後，按 **建立帳號** 鈕，將資料送到系統進行檢查的動作。

在表單中有關個資的欄位都是必填，並建議據實填寫，稍後開通網拍帳號時，姓名將自動帶入變成不可再修改

輸入所欲註冊的帳號 (全少四個字元且開頭須英文)、密碼 (需有一定強度)

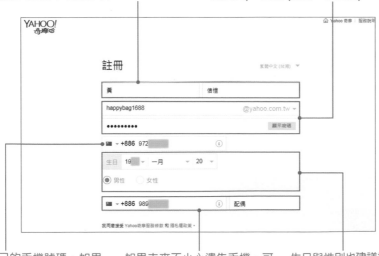

請輸入自己的手機號碼，如果以後忘記帳號與密碼時，系統會藉由該手機進行協助

如果未來不小心遺失手機，可以藉由關係人的手機來取得新密碼

生日與性別也建議據實填寫，稍後開通網拍帳號時，生日也將自動帶入欄位變成不可再修改

**03** 這時 Yahoo! 透過 **傳送簡訊** 的方式，讓您輸入並進行 **傳回驗證碼** 的動作。

**04** 如果填寫的資料一切無誤並通過驗證，頁面上最後會顯示右圖訊息，您可以稍候系統 10 秒，或是直接按 **請按此處** 鈕，即可以立刻將畫面轉置到 Yahoo! 奇摩拍賣首頁，並呈現已登入狀態。

## 8.4.3 啟用兩步驟驗證

現在在申請 Yahoo! 拍賣帳號後，為了加強帳號安全性，都必須先設定兩步驟驗證的動作。

**01** 請開啟瀏覽器進入 Yahoo! 奇摩拍賣的首頁 (http://tw.bid.yahoo.com.tw)，選按 **我要賣東西** 連結文字，接著於兩步驗證頁面中按一下 **點我立即啟用** 鈕。

**02** 輸入手機號碼並選按 **傳送簡訊** 鈕，待收到簡訊驗證碼後，於欄位中輸入並選按 **驗證** 鈕，這樣就完成啟用兩步驟驗證的動作，最後選按 **現在不要** 先取消建立應用程式密碼的動作。

# 8.4.4 完成 Yahoo! 奇摩拍賣的認證程序

## 填寫個人資料

要正式啟用 Yahoo! 奇摩拍賣功能，還需要進行拍賣會員的認證動作，才能進行網拍活動，請參考以下步驟：

**01** 請開啟瀏覽器進入 Yahoo! 奇摩拍賣的首頁 (http://tw.bid.yahoo.com. tw)，選按 **我的拍賣** 連結文字。

**02** 接著會進入網拍管理介面，通常畫面會出現還未認證註冊成為 Yahoo! 網拍會員的訊息，所以相關功能都還不能使用，請按 **立即前往註冊** 鈕。

**如何再次進入網拍會員認證頁面？**

如果首次登入 **我的網拍** 之後，卻沒有出現剛剛介紹的 "註冊成為 Yahoo! 網拍會員" 畫面，或是當時因為有其他因素不能及時完成註冊而選按 **取消** 鈕，都可以於下次登入網拍管理後台之後，選按右上方 **會員設定** 標籤裡面的 **會員認證狀態** 功能，再於 **確認會員資料** 欄位右方，選按 **未確認** 連結文字，即可進入認證過程。

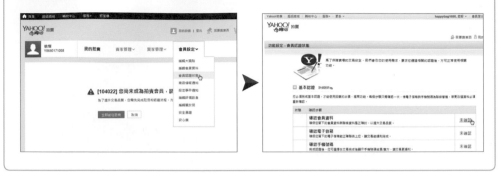

**03** 此時要進行 "填寫個人資料" 程序：在這個頁面中請正確填寫會員資料，完成後按 **下一步** 鈕會進入確認頁面，若無誤再按 **下一步** 鈕即可完成。

系統會自動帶入之前申請時所寫的部分資訊，請據實填寫各項個資 (都是必填欄位)，因為日後可能會申請成為拍賣商店或是其他金流服務，如果沒有填寫真實資訊或是使用他人資料代填，將可能會造成無法申請的問題。

請據實填寫各項通訊地址資料 (都是必填欄位)

請詳細瀏覽 使用者條款 內容後，再核選 我已仔細閱讀並同意遵守上述相關規範與條款項目，最後請選按 下一步 鈕，即可完成會員資料的認證。

進入確認頁面。如果剛剛填寫的個人資料都正確無誤，再請按 下一步 鈕。

**point**

### 安全性警告對話方塊

申請過程如果經常出現該訊息方塊，建議可以按 **否** 鈕，這樣將允許顯示所有頁面資料，以免網頁內容變成只有單純文字與連結的畫面。

## 手機號碼認證

為了提升拍賣時的交易品質與買賣雙方信賴度，Yahoo! 奇摩全面要求會員進行手機號碼的認證後才能進行交易。這個認證動作所發送的簡訊費用由 Yahoo! 奇摩拍賣負擔，但要注意：免費發送確認碼簡訊的接收範圍為國內各家系統門號 (不包含國外門號)，而且每個會員帳號最多有 15 次發送機會，請勿任意反覆發送影響權益。

**01** 接著會進入手機號碼認證的畫面，請確認頁面上帳號與手機號碼是否正確無誤，按頁面下方的 **傳送確認碼** 鈕。

8-17

**02** 此時會馬上在註冊的手機會接收到由 Yahoo! 奇摩拍賣所發送的簡訊，提供了
一組手機確認碼，回到認證畫面後請將剛才接收的確認碼輸入到 **手機確認碼**
欄位，再輸入顯示的驗證碼，最後按 **確定** 鈕即可完成手機號碼的確認動作。

**03** 如此即可通過 Yahoo! 奇摩拍賣的
手機認證，這時候會出現恭喜您
成為拍賣會員的畫面。

**point**

### 什麼是 Yahoo! 奇摩拍賣代號？

基於網拍平台交易的安全性，並且避免買賣家帳戶資料外洩、減少垃圾郵件，已於
2011/05/25 推出 "拍賣代號" 安全機制。"拍賣代號" 是一組由系統自動派發的隨機序
號，內容為 [Y+10 碼序號] 的組合，例如：Y1234567890。

Yahoo! 奇摩拍賣將以 "拍賣代號"、"暱稱"、"商店名稱" 三種方式的組合，取代現有顯
示 "拍賣帳號" 的位置，意即未來將不再於拍賣平台上顯示拍賣帳號。

## 完成賣家語音認證

因為剛剛只是成功開通 Yahoo! 奇摩網拍的買家身份，還沒正式啟用賣家身份，所以
還需要進行相關的認證動作，才能在網拍上賣東西，請參考以下步驟：

**01** 在歡迎畫面過後，隨即顯示尚未
完成手機語音認證的訊息，請按
**立即前往進行手機語音認證** 鈕。

○ point

## 沒連結至手機語音認證畫面？

從 Yahoo! 奇摩拍賣的首頁 (https://tw.bid.yahoo.com/) 選按 **我的拍賣** 連結文字，選按右上方 **會員設定** 標籤裡面的 **會員認證狀態** 功能，之前已經完成 **基本認證 (會員資料、電子信箱** 和 **手機號碼)**，接著請於 **賣家認證** 欄位的 **手機語音認證** 右方，選按 **未認證** 連結文字，一樣可以進入認證過程。

○02 此時要進行 "產生認證碼" 程序：請先確認手機號碼是否正確，而且是否已經在手邊待命，然後按 **產生認證碼** 鈕。

○03 接著畫面會出現認證專線的免費電話號碼 (請勿記錄該號碼，因為每次操作都可能不同)，以及認證碼 (通常是 4 碼)，請拿起手機撥打該號碼並輸入驗證碼，完成後請按井字鍵即可 (請於 5 分鐘時限內完成，逾期則需重來)。

○04 如此即可完成賣家的認證程序，可以關閉該視窗。目前已經正式具備 Yahoo! 奇摩拍賣的賣家身份，可以在賣場內刊登商品了！

# 商品拍賣前的新手須知

在這裡將使用一個實際的範例，帶領大家體驗拍賣網站交易的基本流程，藉由整個過程了解如何將商品上架，如何與買家溝通，最後如何完成交易。

## 8.5.1 體驗網拍儘量先買後賣

獲得 Yahoo! 奇摩拍賣的賣家資格之後，建議不要先急著刊登商品進行拍賣，最好是先從買家身分入門，嘗試去購買、競標一些網拍商品，不僅可以藉此認識這個虛擬的網拍市場、也能快速熟悉網拍的買賣方式，等到成功交易過一兩樣商品之後，記取過程中的好壞經驗，再晉身變成網拍賣家，這樣也會比較有同理心喔。

### 購買網拍商品的注意事項

購買網拍商品可以從賣家或是該商品賣場的幾個地方進行觀察，除了可以減少交易過程的爭執、購買後的糾紛，甚至可以杜絕被網路詐騙的危機。

1. **商品新舊狀況與市價高低**：拍賣商品越新而起標價卻越低，可能是有陷阱的！即使是一元起標，也切記不要貪小便宜，應先查詢該商品的新品市價與折舊率。

2. **正面評價高低與意見**：賣家的正面評價過低或是負面評價過高，都是需要特別注意的，而且評價次數多寡也代表交易數量大小，下標之前先看看評價分數準沒錯，也可以順便注意買賣過程的意見內容，這都是最真實的風評，尤其是負評時留下的意見，更能看出賣家的 EQ 與交易風度。

3. **關於我**：賣家常把一些自家買賣規則刊登於此，先看清楚，以免交易不愉快。

4. **加入拍賣時間的長短**：進入賣場的 "關於我"，會在右方區域顯示該賣家加入網拍的時間，藉此可以評估該賣場的經營時間長短，對於新的賣家總是要多留意為妙。

5. **多用問與答**：對於拍賣商品有任何不清楚，可以利用該功能直接和賣家進行意見交流，更能從回應的答案內容中，判斷賣家的客戶服務態度與速度如何。

6. **所在地點**：拍賣商品的所在地如果是偏僻深山、離島、國外，而且賣家對於貴重物品、3C 商品不肯提供貨到付款或是面交，這樣可能有問題，需要當心。

7. **競標商品是否有底價**：拍賣商品會備註許多事情，都要小心察看。例如：商品一元起標卻有底價設定，即使得標卻沒超過底價設定，也是空歡喜一場。

8. **拍賣時間會自動延長**：如果商品有拍賣時間自動延長設定，於結束拍賣之前 5 分鐘內，還要注意是否有程咬金殺出，每次只要有人追標，就會再延長拍賣時間 (須點選問號圖示才會顯示，請參考下圖圈選處)。

9. **賣家可提前結束拍賣**：如果商品有設定提早結束拍賣，那就不要靜候到截止前一刻才出手，以免扼腕被人捷足先登 (須點選問號圖示才會顯示，請參考下圖圈選處)。

## 善用買家小功能

Yahoo! 奇摩拍賣提供買家一些不錯的小功能，方便買家進行購買，大部分都可以在該拍賣商品標題列的下方看到這些功能：

1. **檢舉商品**：如果不幸被賣家詐騙，或是看到網拍賣場有違規狀況，可以進行檢舉，以免有更多買家受害 (檢舉的會員評價須為 +1 以上，若檢舉內容不實，自己的網拍帳號也可能被停權；所以請據實申告，不要濫用該權力)。

2. **分享到社群網站**：拍賣商品除了可以寄給親朋好友，現在還可以分享到自己的社群網站或是微網誌上。

3. **喜愛商品**：可以追蹤該拍賣商品動態，有任何最新狀況將會發信通知。

4. **加入最愛**：可以把該拍賣商品的賣家，記錄到自己的好友名單，以後想要再瀏覽該賣家的商品，就會比較方便。

## 8.5.2 刊登拍賣商品首部曲

刊登商品之前請先準備好大約 1 張 ～ 3 張的拍賣商品照片，還有商品內容文字敘述，也必須先決定拍賣商品的訂價為何，以方便拍賣商品上架時使用。建議先試著拍賣自家二手物品，累積一些評價與交易經驗。以下，我們將以手工皮包作為範例主角 (非皮布可・手作皮件事務所)，可以對照其中的網拍商品刊登流程操作：

### 商品刊登模式

Yahoo! 奇摩拍賣分成 **一般刊登**、**簡易刊登** 與 **簡易刊登** 模式，操作方式如下：

**01** 請開啟瀏覽器登入 Yahoo! 奇摩拍賣的帳號，進入管理後台，再選按上方 **賣家管理** 標籤裡面的 **我要賣東西** 功能。

**02** 本例選擇 **一般刊登** 模式，因為這是最基本的拍賣刊登方式，可以設定為直接購買或是競標模式，並提供多種運費、結標時間、拍賣底價與下標者資格的選擇 (例如：負評數)，一次可以刊登一筆。

### 選擇拍賣類型與商品分類

**01** 接著要 **選擇商品類型** (分成兩種："選擇直購商品" 與 "選擇競標商品"，前者是採取直接購賣的方式，不須競標；後者是傳統的拍賣競標方式，最後是由出價最高者得標)：本例示範為 **選擇競標商品** 模式。

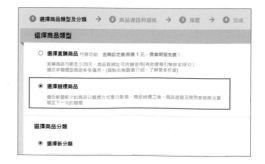

**02** 再來是選擇 **刊登商品類別** (建議將拍賣商品放置到適合的商品分類中,這樣可以讓有興趣的買方在瀏覽時就容易看到該商品,增加出售率):請從分類清單中依序挑選合適的類別,最後再按 **下一步** 鈕 (依照主分類開始選取,系統會根據所選取類別在下一個清單中顯示相關分類以供選取,各分類的層次多寡都不同,最多有 6 層可以選取)。

## 填寫商品資料

進入 **商品資訊與規格** 的區塊,因為要填寫的欄位很多,而且分為必填 (＊ 號) 及非必填,因此將於下述步驟一一介紹。

**01** 首先是商品資訊,請依欄位的說明填入 **標題名稱** 與 **商品簡述** 的相關內容資訊 (因為買家都會先搜尋商品關鍵字,這兩處就是可以好好利用的重要欄位)。

如果等到拍賣商品刊登成功後,**商品類型** 與 **商品分類** 就不能再變更,發現資料錯誤的話,可以趁此趕緊重新編輯。

最多可以填寫 60 個中文字

最多可以填寫 50 個中文字 (非必填)

點選該圖示,可以顯示該欄位的詳細圖文說明 (如右圖)

**02** 接著要挑選商品照片，請選按 **選擇檔案** 鈕 (目前 Yahoo! 奇摩網拍改版後，新增圖片放大鏡功能，使買家能更清晰的查看圖片，增強買家購買慾)：

點選 範例 文字連結，會顯示商品多圖瀏覽的呈現結果畫面。(如下圖)

**03** 畫面會出現 **選擇要上傳的檔案** 視窗，請先選取欲上傳的圖片檔案 (可以一次多選數個檔案)，然後按 **開啟舊檔** 鈕，進行上傳。

---

## point

### 商品上架時間的學問

根據網路調查，熱門的結標時間為：周五中午以後到下班之前 (迎接周末之前，是購物最熱情的時刻)、以及周一上班後到中午之前 (憂鬱的周一上班日，在上午還沒進入工作狀態與情緒之前，很多人都透過網購來提振精神)，真可以說是 "下班一條龍、上班一條蟲" 的最佳寫照。

讓商品曝光時間越長越好，因此把結標時間設定多一點，這樣聽起來好像不錯。其實，設定成系統所允許的最長期間 (10 天)，可能不一定都很恰當，例如：當天剛好是周末或連續假日，買家們可能都出遊在外，那就會容易錯失結標商機喔。

---

## 進階設定

接著是商品進階項目設定與買家競標條件限制：

設定 負評分數限制 與 最低評價限制 規範：可以杜絕不良買家

該兩項設定可以協助賣家記錄商品細項

可提前結標：因為買賣中可能有買家下標卻不想苦等到結標期限到，或是商品突然缺貨或是因故不能再販售，都可以讓賣方提前結束該拍賣 (非常建議勾選本項設定)

## 購買廣告

若要為拍賣商品購買付費廣告，需先改成每週結帳方式 (自動扣款)，可點選右方 **說明**，參考詳細內容、資格與收費標準。

## 商品刊登費用明細

最後會顯示本次刊登的費用總計，如果沒有問題，請按 **下一步** 鈕。

## 確認商品刊登結果

此時即會進入最後確認頁面，您可以在這裡確定刊登的費用與預覽商品結果。

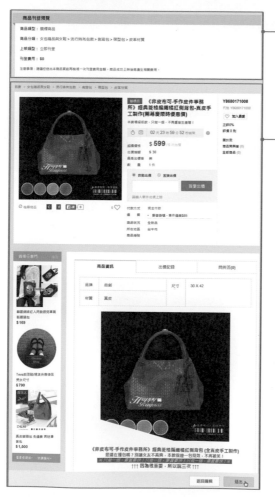

————— 顯示這次商品刊登所有費用的明細表

————— 顯示剛才設定的拍賣資訊與上傳照片後所形成的最終成品預覽狀況，按 送出 鈕可以完成設定，按 返回編輯 鈕回到原來的畫面修改設定

# 8.5.3 拍賣商品成功刊登後的正式瀏覽

拍賣商品刊登成功後，可以看到這次拍賣的所有詳細內容，選按其中的 **商品頁面網址** 連結文字，即可看見這項商品在 Yahoo! 奇摩拍賣的賣場裡，實際顯示的狀況。

拍賣商品成功刊登後的顯示頁面

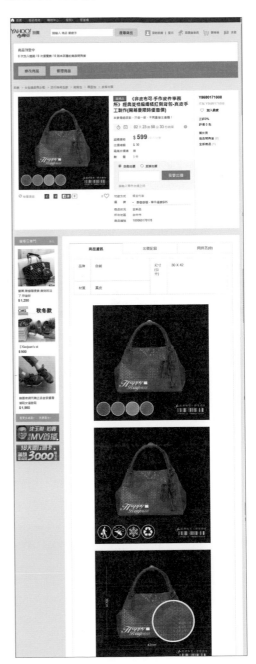

# 處理拍賣商品的結標

完成了商品的上架後，接下來就是買賣交易的過程，如何完成一筆交易及買賣完成必須完成的手續有哪些？這些都是要知道的。

## 8.6.1 Yahoo! 奇摩拍賣買賣流程

如果很幸運遇到了有興趣的買家，在拍賣時限內以理想價格標下了拍賣商品或是直接購買，接下來該如何處理呢？賣家們先不要著急，先看看一般正確的網路拍賣程序：

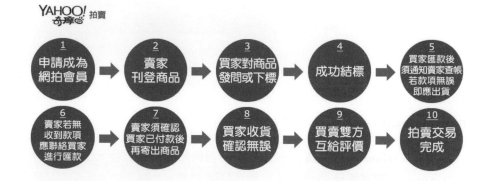

## 8.6.2 拍賣結標後的處理

### 經由電子郵件通知進行結標流程

當商品結標時，將會收到一封由 Yahoo! 奇摩拍賣場系統自動發送的電子郵件。

**01** 在拍賣商品結標通知信中可以看到結標商品的狀況，包含了基本資訊與最後的結標價格。請選按結標信中的 **我的拍賣-訂單管理網址** 連結文字，進入賣場管理後台，準備開始處理訂單與後續交易。

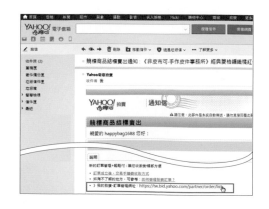

02 登入網拍帳號並進入管理訂單畫面後，再點選該筆訂單編號的 **查看訂單明細** 功能，就會進入該筆訂單的詳細資訊頁，可根據買方的資料先與對方取得聯絡，利用 **買賣留言板** 來留言、致電 (須待買家完成匯款才會顯示，除非買家沒有公開電話號碼)，讓買賣雙方清楚地溝通交易方式與商品運送內容。

## 透過我的拍賣進行結標流程

除了利用收取系統通知信，還可以直接進入 **我的拍賣** 管理後台，進行商品結標的後續處理，詳細示範如下：

01 請先登入 **Yahoo! 奇摩拍賣** 平台，並點選 **我的拍賣** 連結文字，進入管理後台，再選按上方 **賣家管理** 標籤裡面的 **管理訂單** 功能。

02 如果有問題要聯絡，可以點選該筆訂單的 **留言給買家** 連結，即可與對方聯絡，也可以點選該筆訂單編號的 **查看訂單明細** 功能，瀏覽該筆訂單的詳細資訊頁。

恭禧，目前已經完成拍賣事業上的第一筆交易了，也為邁向成功賣家之路繳出了第一張成績單！

# 8.6.3 等候買家匯款再出貨

網路拍賣裡面的潛規則，通常是 "買家先付款，賣家再出貨"，所以新手賣家可不要太心急，一看到商品結標就開始準備出貨，等到買家匯款後再動手也還不遲呀！

## 經由電子郵件通知確認匯款入帳

當商品匯款入帳時，將會收到一封由 Yahoo! 奇摩拍賣場系統自動發送的電子郵件。

**01** 在拍賣商品結標通知信中可以看到商品款項入帳的狀況，包含了基本資訊、匯入金額與是否已付款的狀態。請選按結標信中的 **商品名稱** 連結文字。

**02** 接著進入賣場管理後台的該商品 **訂單明細** 頁面，可以看見已經付款卻還沒出貨，請查看 **運送資訊** 裡面的買家資訊並記下，再按下左上角的 **管理訂單** 連結文字。

**03** 進入該商品的 **管理訂單** 功能，再按下右上角的 **執行出貨** 鈕，即可準備開始包裝商品去寄送發貨了。

# 透過我的拍賣確認匯款入帳

除了利用收取系統通知信，還可以直接進入 **我的拍賣** 管理後台，進行商品寄送的後續處理，詳細示範如下：

**01** 請先登入 **Yahoo! 奇摩拍賣** 平台，並點選 **我的拍賣** 連結文字，進入管理後台，再選按上方 **賣家管理** 標籤裡面的 **管理訂單** 功能。

**02** 接著進入賣場管理後台的該商品 **管理明細** 頁面，可以看見已經付款卻尚未出貨，再請按下右上角的 **執行出貨** 鈕。

**03** 進入該商品的 **執行出貨** 頁面，請先於 **步驟一** 選擇 **要寄送的寄物流業者** 選項，再於 **步驟二** 填寫 **包裹號碼**、**買家收件資料**、**出貨說明** 相關資訊，最後再按 **確定出貨** 鈕。

**04** 畫面會出現 "出貨執行完成" 訊息，即可完成商品出貨程序 (當然，這只是系統程序，很多欄位也非必填，賣家們可千萬別忘了要實際去物流公司寄出商品呀)。

# 8.6.4 貨到無誤再互給評價

在拍賣市場中累積評價，是讓買方可以放心與賣家交易最好的方法，它不僅證明了該會員對於商品經營的用心及面對買家的態度，也能增加拍賣商品的購買意願，所以在交易結束後買賣雙方給予評價是很重要的工作。

另外，在 Yahoo! 奇摩拍賣中有許多的制度與功能，都會要求會員的評價要到達某個程度才行，所以評價的累積是拍賣會員要積極爭取的目標。

**01** 請先登入 **Yahoo! 奇摩拍賣** 平台，並點選 **我的拍賣** 連結文字，進入管理後台，再選按上方 **賣家管理** 標籤裡面的 **管理訂單** 功能。

**02** 接著進入賣場管理後台的該商品 **管理明細** 頁面，再請選按左下方 **訂單操作** 裡面的 **給買家評價** 連結文字。

**03** 在 **評價** 頁面中，可就交易過程感受選擇 **評價** 等級 (正評 = +1、普評 = +0、負評 = -1，一般來說都希望是獲得正評)。另外，還能給予最多 125 個中文字的意見。如果核選 **將此意見儲存到我的意見中** 選項，未來即可以在上方的下拉式清單中選取儲存過的文字評價來快速給評。最後按 **送出** 鈕，即可完成。

當賣家完成評價給予，系統會回到 **管理訂單** 頁面，該買家的評價分數也會立刻更新。如果要確認，可以點選該買家的評價分數，即可進入該買家的評價畫面，再選按 **買商品評價** 標籤，就能夠看到剛剛賣家所寫的評價意見了。

---

point

## 關於 "評價計算" 與 "邀請評價"

1. **評價計算**：Yahoo! 奇摩拍賣的評價計算方式非常特殊，無論交易過幾次，買賣雙方終其一生只能給對方一次評價，在針對同一筆訂單時，只能給予及回覆對方最多各 3 次的評價意見；若買賣雙方之間成交數筆訂單，就會以最近、最新一次的評價為準。

   這就是希望賣家對於舊雨新知，都要以最好的服務態度去面對，因為隨時都有可能正負相反、豬羊變色。還有，一旦該評價送出後，都將不能重新編輯或移除，一定要三思。

2. **邀請評價**：如果買賣雙方之一，已經先給予對方評價，可是另一方卻遲遲不肯送出評價，可以試著去信提出希望給予評價的詢問 (邀評)，口吻必須客氣或是保持禮貌，雖然評價分數很重要，不過 Yahoo! 奇摩拍賣畢竟沒有硬性規定必須互給評價，即使不給也不會違規，不妨以禮貌的方式邀請。

   例如：感謝您與我交易，目前已經留評價給您，也希望可以給我一個客觀的信用評價，您的一分對我很重要哦！

# 商品拍賣的進階設定

從上架到賣出商品期間，可以針對該商品進行一些進階的設定，像是提高商品的曝光度，或是取消該商品的拍賣。

## 8.7.1 修改、取消或是提前結束拍賣中的商品

在商品拍賣過程進行中，賣家還可以再 "修改商品內容" (只要該商品還沒有買家下標或是出價)、"取消拍賣" (無買家下標之前) 或是 "提早結束拍賣" (本項需曾勾選過 "可提前結標" 選項，且有買家下標)，不過後兩項都仍須收取刊登費用 (取消拍賣、提早結束拍賣)。

### 拍賣商品尚未有買家出價或是下標

**01** 請先登入 **Yahoo! 奇摩拍賣** 平台，並點選 **我的拍賣** 連結文字，進入管理後台，再選按上方 **賣家管理** 標籤裡面的 **管理商品** 功能。

**02** 進入賣場管理後台的該商品 **管理商品** 頁面，選按 **上架中** 標籤 (通常預設狀況已經選按該項)，再選按右方 **操作** 裡面的各項功能即可，例如：**修改商品、複製、提高曝光、取消拍賣、查看出價紀錄** 與 **取消出價**。

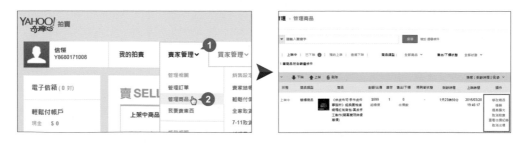

### 拍賣商品已經有買家出價或是下標

**01** 請先登入 **Yahoo! 奇摩拍賣** 平台，並點選 **我的拍賣** 連結文字，進入管理後台，再選按上方 **賣家管理** 標籤裡面的 **管理商品** 功能。

**02** 進入賣場管理後台的該商品 **管理商品** 頁面，選按 **上架中** 標籤 (通常預設狀況已經選按該項)，再選按右方 **操作** 裡面的各項功能即可，例如：**修改商品、複製、提高曝光、提前結標、查看出價紀錄** 與 **取消出價**。

## 8.7.2　如何修改或重新刊登已下架商品

如果拍賣商品超過競標時間卻沒有買家青睞，將會被系統強制下架，賣家可以再 "上架" (重新修改內容)，或是 "重新刊登" (不修改原內容)，試試看能否找到買家。

**01** 請先登入 **Yahoo! 奇摩拍賣** 平台，並點選 **我的拍賣** 連結文字，進入管理後台，再選按上方 **賣家管理** 標籤裡面的 **管理商品** 功能。

**02** 進入賣場管理後台的該商品 **管理商品** 頁面，選按 **已下架** 標籤，再選按右方 **操作** 裡面的各項功能即可，例如：**上架、複製、重新刊登、查看出價紀錄** 與 **刪除**。

## 8.7.3　如何編寫賣家紀錄

想成為一個優良的賣家要從平時習慣養成。在交易的每個過程中詳細紀錄重要事項，不僅可以鞭策自己控管交易的進度，也能詳細載明整個交易的時間點與相關人事物。如果在未來交易出現問題或是糾紛時都能在紀錄中找到證明的証據，對於想長久經營拍賣市場的會員是不可忽略的工具！

**01** 請先登入 **Yahoo! 奇摩拍賣** 平台，並點選 **我的拍賣** 連結文字，進入管理後台，再選按上方 **賣家管理** 標籤裡面的 **管理訂單** 功能。

**02** 進入賣場管理後台的該商品 **管理明細** 頁面，再於下方 **賣家備註** 欄位裡面，輸入想要填寫的備註文字即可 (這些內容只有賣家看的到，上限 250 個中文字)。

# 8.7.4 美化關於我的資訊

賣家們不要忘記編輯 **關於我** 的內容，讓買家可以儘速認識自己以及了解賣場規範。

**01** 請先登入 **Yahoo! 奇摩拍賣** 平台，並點選 **我的拍賣** 連結文字，進入管理後台，再選按上方 **會員設定** 標籤裡面的 **編輯關於我** 功能。

**02** 進入 **編輯關於我** 頁面，即可開始編輯關於賣場的內容 (避免違規與私下交易：請勿公開私人金融帳戶與聯絡電話，或是張貼任何可以連結到其他網站的網址)，最後再選按 **完成** 鈕。

**03** 完成之後，如果想要查看剛剛設定後的結果是否正確，可以到自家賣場的前台網址，點選 **關於我** 項目，即可進行確認。

## 8.8 Yahoo! 奇摩拍賣相關收費總整理

在操作的過程中或許會不時看到許多拍賣收費的項目與內容，在這裡我們特地整理了 Yahoo! 奇摩拍賣的收費內容與標準，讓大家能更了解付費後彼此的權利與義務。

## 8.8.1 Yahoo! 奇摩拍賣有哪些費用項目？

為了加強服務品質與保障買賣雙方的權益，Yahoo! 奇摩拍賣從 2004/4/9 起就已經開始實施收費制度，所以目前在 Yahoo! 奇摩拍賣刊登拍賣商品，是必須支付特定費用的。

這些費用只有在賣家使用刊登商品功能時才會產生，一般使用者在瀏覽商品、參與出價競標時並不需要支付這些費用，以下是所有可能會收取的費用項目：

1.  基本費用：刊登功能使用費 (自 2014/09/10 起，因為慶祝改版而暫先免收)、交易手續費 (自 2015/02/01 起，所有品項統一調降到 1.49 %)。

2.  加值功能費用：拍賣底價設定費、直接購買價設定費、付費相片、預購功能設定費、長刊期商品。

3.  付費廣告：出色標題、優先排序、超優先排序、賣場任意門、首頁有料曝光、分類有料曝光、首頁搶鮮曝光、分類搶鮮曝光、首頁品牌廣告、分類頁品牌廣告，共計 10 種付費廣告。

4.  商店申請：拍賣店舖。

## 8.8.2 基本費用說明

刊登或是銷售商品都必須支付費用，包括："刊登功能使用費" 及 "交易手續費"。

### 認識刊登功能使用費

1.  刊登功能使用費是在 Yahoo! 奇摩拍賣刊登商品時須支付的費用，本費用依不同的商品類別而有差異，多數量商品享有優惠 (自從 Yahoo! 奇摩拍賣於 2014/09/10 重新改版後，特別祭出 "全面免刊登費" 及 "免直購設定費"，持續實施至今)。

2.  商品若無人得標或最終並未完成交易 (例如：遭到棄標)，因為您已經使用了拍賣平台，無論是否循 "交易未完成處理制度" 流程申訴退還交易手續費，刊登功能使用費均恕不退還。

### 認識交易手續費

1. 賣家在 Yahoo! 奇摩拍賣刊登的商品結標後有得標者，賣家必須支付交易手續費。交易手續費列入消費紀錄時間為商品結標時間後第 15 天。

2. 交易手續費的計算方式是依照商品的 "得標金額" 計算 (得標單價 x 數量)。只針對商品有得標者且成功完成的交易收取，若商品沒有人得標則無須支付交易手續費。

## 8.8.3 其他費用說明

### 拍賣底價設定費

每件商品設定費為 5 元，在收費規定中請特別注意下述事項：

1. 當商品無人得標：自動重新刊登不計費，但是必須於刊登時選擇自動重新刊登。

2. 當刊登商品時沒有設定拍賣底價，只要商品尚未有人出價，刊登完成後一直到商品結標前，可以再設定拍賣底價。但當刊登商品時設定了拍賣底價，刊登完成後一直到商品結標前，若商品尚未有人出價，可以修改或取消拍賣底價。

3. 一旦將拍賣底價取消或改成和起標價相同後，如果想要再次重新設定拍賣底價時，會再產生一次 5 元的設定費，這是要特別注意的。

### 立即結標設定費 / 直購價設定費

當賣家設定 "立即結標" (競標品) 或 "我要購買" (直購品)，則該商品均提供立刻買的功能。在 "競標品" 賣場中，假如買家願意出此價格或高於此價格，都會以立即結標購立刻得標，不須和其他人競購廝殺，省掉了競標的過程。

費用部分如下：

"立即結標" 設定費 1 元

"直購價" 設定費，原本要價 1 元，目前是推廣期 0 元。

### 付費相片

賣方在刊登商品時，除了可免費上傳 3 張照片外，還可額外加買 "付費相片"，最多可加購 6 張，每張 1 元。

## 預購功能設定費

當賣家不能即時出貨，卻又希望能讓買家可以下單，原本設定費用要價 5 元，目前是推廣期 0 元。

## 長刊期商品

這是 "拍賣店舖" 的加值服務功能，屬於 "直購品" 賣場類型，賣家可使用固定價模式長期刊登，可累積銷售件數、問與答，減少反覆重新刊登的操作工夫。

## 其他費用說明與收費方式參考

1. 如果希望了解更多相關費用收取的問題，可以參考 Yahoo! 奇摩拍賣整理的相關說明頁面 (https://tw.bid.yahoo.com/help/new_auc/fee/FeeHome.html)。

2. 如果希望了解更多如何繳費的問題，可以參考 Yahoo! 奇摩拍賣整理的相關說頁面 (https://tw.bid.yahoo.com/help/new_auc/fee/Howtopay.html)。

## 拍賣糾紛問題、帳號遭盜用、客服申訴管道與討論交流

1. 如果對於網路拍賣上還有問題不清楚，可以參考 Yahoo! 奇摩拍賣整理的相關說明頁面 (https://tw.help.yahoo.com/kb/auction-tw)。

2. 如果有任何拍賣糾紛或是帳號被盜用，請儘速連絡 Yahoo! 奇摩拍賣的客服進行反映，維護自身權益，並定期更換管理密碼和檢查自家賣場狀況 (https://io.help.yahoo.com/contact/index?page=contact&locale=zh_TW&y=PROD_TWAUCT)。

3. 網拍話題交流與經驗分享的討論區 (https://tw.bid.yahoo.com/community)。

4. 免費網拍課程的 Yahoo! 奇摩拍賣大學 (https://tw.bid.yahoo.com/university)。

## 8.8.4 網拍各類收費一覽表

| 收費項目 | 設定費 | 推廣期優惠 |
|---|---|---|
| 拍賣商品刊登費 | 每件 3 元 | 0 元 |
| 成交手續費 | 2 % 或 4 %<br>(依商品類別不同) | 1.49 % |
| 付費廣告 | 40 元起 | 出色標題、優先排序<br>(享有長刊期優惠) |
| 拍賣店舖 | 每月 990 元 | 無推廣期優惠 |
| 拍賣底價設定費 | 5 元 | 無推廣期優惠 |
| 立即結標設定費 | 1 元 | 無推廣期優惠 |
| 直購價設定費 | 1 元 | 0 元 |
| 付費相片 | 每張 1 元，最多 6 張 | 無推廣期優惠 |
| 預購功能設定費 | 5 元 | 0 元 |
| 長刊期商品 ( 30 天 ) | 每筆 180 元 | 無推廣期優惠 |
| 長刊期商品 ( 90 天 ) | 每筆 540 元 | 每筆 300 元 |

## 一、問答題

1. 請列舉網路拍賣的優勢與缺點，並簡述說明。

2. 請列舉三項購買網拍商品時需注意的事項。

## 二、實作題

在拍賣市場中累積評價，是讓買方可以放心與賣家交易最好的方法，它不僅證明了該會員對於商品經營的用心及面對買家的態度，也能增加拍賣商品的購買意願，所以在交易結束後買賣雙方給予評價是很重要的工作，請給予近期的買家或賣家一個評價：

# 9

# 網路行銷

## 9.1　網站曝光的重要

無論選擇哪種網路開店方式，辛辛苦苦地開店了之後，如何吸引客戶上門參觀瀏覽，進而掏腰包購買商品，帶來實際獲利，是很重要的一件事情。

因為我們是開設虛擬性質的網路商店，如果只是默默在網路上開張，即使是住在隔壁的街坊鄰居，沒有透過大肆宣傳、奔相走告或是口耳相傳，可能到了明年春暖花開時，大家仍然不知道我們開了一家網路商店，更遑論沒有上網習慣的人。網路商店沒有實體店面的活招牌當廣告，如何把網址傳出去讓大家知道，將是開店經營的極大要點，也就是增加網站曝光度與能見度。

另外，建議再配合商品促銷觀念，藉此衝高網站點閱率，甚至可以吸引會員加入與提高買氣，例如：憑折價券購物享現金抵扣、全館滿千送百、商品全面買三送一、商品整點下殺、限時搶購優惠、相同商品第二件半價、加入會員送贈品、填寫問券也送贈品、參加線上投票再送贈品、A+B 方案商品優惠或是紅配綠商品折扣...等等。

## 9.1.1　商業行銷種類

把網站宣傳出去、讓網站曝光，是新店營運之後最重要的課題。這種推廣網站的方式稱做行銷，種類非常多樣化，也有很多理論，可以參考如下的整理與說明。

### 傳統行銷

傳統行銷方式包括：發放傳單、交換名片、電話行銷、簡訊行銷、贊助活動刊登、拉舉廣告布條、機車擋泥板廣告、公車外部車體看板 / 車內多媒體視訊廣告、遊覽車休息時間叫賣行銷、戶外電視牆廣告、電梯廣告、郵購刊物廣告、電台廣告、購物台、有線 / 無線電視媒體、親朋好友介紹...等等。

傳統行銷方式通常需要直接面對人群，甚至要進行陌生拜訪。除了要注意自己的儀容、訓練自己的應對，更要有亂槍打鳥的勇氣與守株待兔的耐心，比較適合實體商店。雖然傳統行銷中的電視廣告其曝光效益雖大，不過所費不貲，需要考量。無論選擇哪些傳統行銷方式，都仍有其基本盤與客層，如果時間與經費許可都可以嘗試。

傳統行銷中除了面對面接觸銷售商品外，電話行銷與簡訊行銷已成為企業近十年來應用於銷售產品的新寵兒。可以節省人力資源的限制，維持原有客群並拓展潛在市場，所以深受許多公司喜愛。

## 完全免費又不限通數的手機通訊 APP

除了國外的 **What's App** 與 **Line**,對岸開發的 **WeChat** (微信),目前國內的工研院也推出適合企業專用的通訊平台 **Juiker** (揪科),跨系統整合電腦、手機以及企業電話。

不僅可以透過該軟體來免費分享文字、貼圖、影音、聯絡人資訊...等檔案 (類似上述的通訊軟體),語音功能更是進階,提供用戶之間免費通話,還可以直接撥打市話 (類似 **Skype** 軟體),而且強調更安全的資訊加密防護,目前廣為政府單位使用,並開始與網路電信業者合作,推展到民間企業。

Juiker 揪科 (www.juiker.tw)

## 網路行銷

網路商店搭配網路行銷,似乎更吻合電子商務的精神。如果利用網路進行網站推廣與行銷,會知道這個消息而來參觀網站的人,也應該是從網路得知,而這樣也表示該訪客有使用網路的能力,如此對於網購概念也應該比較容易接受並且可能即時下單進行購物。

既然使用網路行銷而獲得的客源很有指標性,甚至變成準客戶的情況很高,如何進行網路行銷就更顯重要,包括:廣告信 (E-mail 行銷)、EDM 行銷、電子報行銷、資料庫行銷、登錄搜尋引擎 (網站登錄)、關鍵字廣告、SEO 網站優化與名次排序優先、部落格行銷、留言版 / BBS / 論壇 / 討論區發佈、各大社群平台發佈、友站廣告連結、信件連結...等。

**分析網站是網路行銷的第一步**

知己知彼，百戰百勝。要進行網路行銷前，認識自己網站的體質是很重要的。多多利用網站分析的軟體或是網路服務，是很推薦的方式。

Google Analytics (www.google.com/analytics/)

# 9.1.2 行銷成本費用

任何行銷都需費用，即使僅需人力精神發送的電子郵件廣告，也是一種人事成本。因此，記得在成本計算上，加列一項行銷費用，而且這項費用的金額，將可能會動態變化，或許有一天變成商店營運支出最多的一項。

**好的商品才是商店核心價值**

常常看到坊間的新店家會推出開幕慶免費招待，甚至一元促銷，往往吸引民眾大排長龍，可是試賣期過後當恢復原價時，如果還能留住客人才是真正有魅力的商品，絕對不會只靠表面的包裝或是行銷花招。

# 9.2 網路行銷的種類

上一節介紹過行銷主要分成傳統行銷與網路行銷，因為傳統行銷比較耳熟能詳，所以於上節簡述，而網路行銷較符合網路商店性質，所以特闢專節來好好介紹。

## 9.2.1 電子郵件廣告、電子傳單行銷

### 電子郵件廣告 (E-mail 行銷)

利用電子郵件將廣告文宣寄發給有信箱帳號的人。信件內容可以自行撰寫編輯或是請專業的網路廣告公司代筆，寄發的動作亦是。

比較大的問題是，要發送給誰？因為網路廣告公司都會透過各式管道，收集電子郵件帳號名單，就像補習班會有辦法拿到招生名單一樣。因此可以直接委託網路廣告公司進行郵件寄發，也就是所謂的 "廣告郵件代發"，通常也是以成功發送幾千或是幾萬封廣告郵件為收費依據。

廣告信件的寄發，算是比較低成本而且方便快速的行銷方式，早期很有效，目前因為個人資料的隱私權意識高漲，以及個資法的規定，若未經同意就收到廣告郵件，容易造成收件者的反感。當今廣告信件氾濫，群發信件往往直接被郵件伺服器歸類成垃圾信件，而且政府也為此立法，明定濫發垃圾郵件經勸導無效後，將會開罰。

如果是自己廣發信件給陌生收件人，也容易被 ISP 業者警告，甚至列入黑名單而停權，未蒙其利先受其害，真是得不償失。

---

point

#### 垃圾電子郵件開罰

我們通常對於信箱中收到大量的垃圾廣告郵件都十分困擾，許多人都很討厭花時間刪除這些信件。

立法院交通委員會於 2012 年 3 月通過 "濫發商業電子郵件管理條例草案"，也就是俗稱的垃圾郵件管理條例，預計可以順利進行法案的二讀、三讀。除了新增提供受害人可以透過團體訴訟方式進行求償，每人每封可求償 500 元～ 2,000 元；也同時載明發送商業電子郵件者，應該提供收件人拒絕行銷的權利。

### 電子傳單行銷 (EDM 行銷)

把傳統的紙本傳單 (DM)，將其數位化、網頁化，變成圖文並茂的單頁網頁或是活動廣告頁面 (EDM)，夾帶在電子郵件或是把該頁網址寄發給有信箱帳號的人，這就是電子傳單行銷 (EDM 行銷)，當然，此類業務都可以找到專業的網路廣告公司協助設計製作，並且代發。

電子傳單可以快速表達活動訊息

## 9.2.2 資料庫行銷、電子報行銷

### 資料庫行銷

這種行銷方式，通常是比較準確且有效，因為宣傳的對象都是曾經到自己的網路商店加入過的網路會員，已是會員資料庫裡面的一員，當初入會原因不外乎是要購買商品或是索取贈品、商品資料。

因此，針對商店裡面的會員進行節日特賣、壽星優惠或是新品宣傳，相信是非常有誘因而且讓會員感到窩心的。

### 電子報行銷 (ePaper 行銷)

利用網路會員自願訂閱的電子報，在其內容刊載網路商店或是商品相關資訊，並且定期利用郵件發送，進行網路行銷，這就是電子報行銷，也可以算是資料庫行銷之一。

因為寄發的對象都是網路商店的會員或是曾經希望獲得商品資訊的人士，而且訂閱者當初是以自由意願的方式，勾選有興趣了解的商品資訊，因此收到此類電子報的相關報導時，不容易造成反感，也不會有觸法的危險，比較正向。

電子報畢竟是報章刊物的性質，內容應該還是以公正、客觀的方式進行編輯與報導敘述，避免過於商業化地渲染或是聚焦於產品上。除了應該要定期定時寄發，不要每天按照三餐猛力發送或是有想到才製作，以免讓電子報變成像廣告信一般讓人厭惡，或是憤而取消訂閱。

# 9.2.3 網站登錄、註冊工商名錄網站

## 網站登錄 (登錄搜尋引擎)

網路商店開張之後，大家必須藉由在瀏覽器軟體輸入網址的方式，才能找到網路商店，不過因為是新店落成，客戶一時之間容易忘記網址，或是根本不知道網址！所以很有可能透過各大入口網站上面的搜尋引擎去尋找網路商店的名字，進而獲得正確的網址。過去各大入口網站所收錄的網站網址不一，店家要主動去進行申請，我們把這個動作稱為："網站登錄"。

但是目前搜尋引擎的市場幾乎都與網路行銷交疊，登錄的動作也幾乎由各大搜尋引擎的程式機制自動進行，如果要讓排名向前，最快的方式就必須加入搜尋引擎所搭配的行銷機制，不過相對就是一項不小的投資了。

國內各大入口網站都提供搜尋引擎服務，以市佔率普及和商業導向強度來說，建議您要將重心放在 Google 與 Yahoo! 奇摩的搜尋引擎上。在 Google 中您可以利用網站登錄頁面 (www.google.com/webmasters/tools/submit-url) 輸入網址即可完成登錄。而 Yahoo! 奇摩已經不再提供新增網站登錄的服務，並與微軟搜尋聯盟 (Bing.com) 合作提供搜尋的服務，在網站登錄頁面 (ssl.bing.com/webmaster/SubmitSitePage.aspx) 輸入網址後，Bing 搜尋引擎即會自動去收集網址中相關資訊。

Google 網站登錄

bing 網站登錄

**point**

### 網站網址登錄注意事項

1. 請確認網站尚未登錄在該搜尋引擎內。
2. 請確認網站連線正常並已建置完成，頁數不要太少。
3. 最好不要使用轉址，並以獨立的英文網址進行登錄。

## 登錄工商名錄網站 (黃頁)

目前賣家可以透過很多入口網站或中華電信的網路免費商店登錄服務，增加商店的曝光度。還有不少公會或協會組織的網站，加入該會員後，有時候一些意外的訪客是從那邊知道自家的網路商店網址。

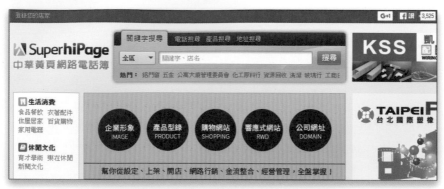

中華黃頁網路電話簿 (www.iyp.com.tw)

# 9.2.4 關鍵字廣告

相信大家都有從電視廣告或是電台得到關鍵字廣告的印象，其實這是從搜尋引擎與網站登錄衍生的行銷方式。

Yahoo! 奇摩與 Google 都有 "關鍵字廣告" 服務，早期 Yahoo! 奇摩是每月競標廣告關鍵字後，無限次點閱，後來併購港商序曲公司 (Overture)，改成點擊制收費 (PPC，或稱：CPC)。

Yahoo! 奇摩關鍵字廣告 (tw.emarketing.yahoo.com/ysmacq/)

而 Google 的關鍵字廣告服務 (Google AdWords)，一直都是採取點擊制收費。

另外，Google 還有提供經營網站或是部落格的站長放置廠商相關廣告，進而可以獲得廣告收益 (Google AdSense)，這部分將於後面章節進行介紹 。

Google AdWords (adwords.google.com)

舉例來說，我們想要找一家網路資訊公司的網站，可是已經忘記或是根本不知道公司全名 (全銜)，因此會試著輸入幾個隻字片語進行搜尋，例如：網路公司、資訊公司、網站製作...等等，這些片段的文字就是關鍵字，透過在搜尋引擎輸入關鍵字顯示符合條件的網址，就是網站的自然排序，而在自然排序區塊以外也顯示同樣符合條件的網址，就是關鍵字廣告所致。

如果瀏覽者點選自然排序區的網址連結到該網站，不用收費；如果點選關鍵字區塊內的網址連結到該網站，要對該網站賣家採計次收費，看清楚喔，是算次數的，根據 Yahoo! 奇摩關鍵字標準，每點擊一次最低收費 3 元起。

近年來因為盛行新注音輸入法、火星文，如果您的店名有同音異字的情況，有時候客戶可能會因為打錯字而找不到您 (甚至跑去別家同業)，所以不要忘記購買「錯別字廣告」，網羅那些即使打錯關鍵字也能找到貴寶號的粗心客戶。

## 關鍵字廣告在搜尋頁面的位置

Yahoo! 奇摩搜尋的結果頁中間為自然排序區域，每頁會有 10 筆搜尋結果。

Yahoo! 奇摩搜尋的關鍵字廣告區域，如果該組關鍵字比較冷門，區塊可能會減少，不過大致原則上的顯示順序為左上、右側、下方。

目前國內以 Yahoo! 奇摩搜尋關鍵字服務的效益較大，網路店長申請該項服務後，Yahoo! 奇摩會委託合作的經銷商指派專業顧問進行技術輔導，首次申請的關鍵字服務費用開通額度為 1 萬元到 3 萬元，每被成功點擊一次再從帳戶中扣除所需費用，相關的點擊資訊都可以從管理後台查詢。

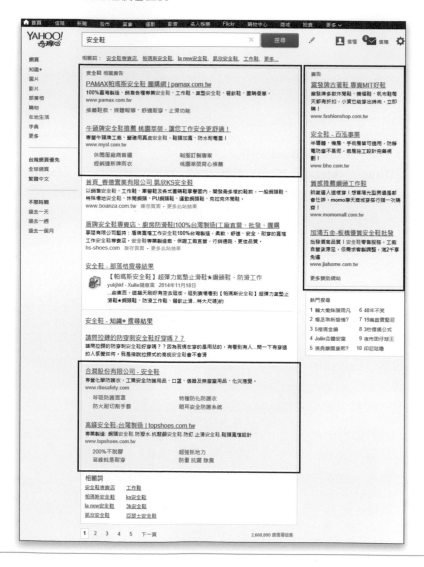

## 9.2.5 SEO 網站優化與名次排序優先

### 為什麼要選擇 SEO？

剛剛介紹的關鍵字廣告服務是根據每次點擊進行收費，如果我們為自己的商店購買一個關鍵字："資訊"，而每次點擊收取最低費用 3 元，每天有 100 人次的點擊來計算，一天要花費 300 元，一個月要花費 9,000 元，如果持續使用一年，大約需要 10 萬多元。如果購買關鍵字不只 1 組，關鍵字費用也不是最低的 3 元，每日點擊人數也不只 100 次 (假日更是點擊次數爆增高峰)，那費用會更加可觀。

關鍵字的廣告雖好但費用卻很可觀，有沒有可以無限制點閱的方式？要根本解決這個問題，應該讓自己的網站可以出現在搜尋引擎的自然排序區域裡面，如此被點擊是不用收費的，而且要儘量可以顯示在前 3 頁，也就是排名在前 30 名以內，不然排序太後面會降低瀏覽者點擊的意願。

想要讓網站在搜尋引擎的自然排序區域裡面名列前茅，可以透過 SEO 網站優化技術，亦稱搜尋引擎最佳化 (Search Engine Optimization)。有很多的網路資訊公司都提供此類服務，排序技巧通常是個謎，例如：善用蜘蛛程式；加強 HTML 程式碼調整與技法加強：<Title>、<Meta>、<Font> 或是 <CSS> 隱形文字技術、<noframes> 標籤、註解文字；別名網址與多重網站技巧；改變網站流量與瀏覽速度...等等。

### SEO 收費方式與標準

市面上提供 SEO 服務的業者，通常分成季費、半年費或是年費方式來收取，因為 SEO 技術通常不能一蹴可及，需要數月的耕耘，而且各大入口網站的搜尋引擎技術與規則不同，有的甚至有好幾套模式並且常常更換，因此要維持自然排序名次在前幾頁，確實不容易，所以有些 SEO 製作成本也是不便宜，至於要採用關鍵字廣告或是 SEO 網站優化技術，建議用一年的所需費用為標準來評估。

有些提供 SEO 服務的網路資訊公司，還會根據業主販售商品的通路國家進行更精準的網站排序。例如：商品都在國內販售的賣家，主要必須把握好網路商店在國內各大搜尋引擎的排序狀況；如果商品多半都銷售到國外，那要注意網路商店在全球各大搜尋引擎的排序名次。

# 9.2.6 部落格行銷

## 什麼是部落格行銷？

部落格 (Blog) 是個人網路日誌，由 Web Log 發展到 We Blog 再到 Blog。雖然目前國內的無名小站與 Yahoo! 部落格都已相繼關閉，不過還是有很多部落客仍另覓佳境而繼續經營 (例如：隨意窩、痞客邦、Blogger)，可見其魅力不減。

1. 早期部落格僅是文字的顯示與記錄，目前部落格包含多樣化的元素與服務，例如：文章張貼、相簿功能、影音播放、支援部分外掛程式…等，加上部落格可以讓人抒發自己的想法、記錄心情故事與所見所聞，也能夠和其他格主交流與相互留言回應，而且在網路的世界可以快速建立起自我風格的網站，因此使用人口越來越多眾多。

2. 部落格因為上述的特性，大家開始勇於把平日不敢說的政論議題、職場文化改到網誌上大鳴大放，或是把平常喜歡吃的美食或是假日常逛的景點大方分享，甚至寫起言情、兩性觀點，言人所不敢言，因為部落格的隱密性高，加上引用與相互流傳都很方便，非常適合網路行銷。

3. 根據網路調查顯示，有愈來愈多消費者會先上網搜尋商品資訊與其他使用者的評價，再考慮是否購買；而且大部分被信賴的商品資訊來源，都是從部落格提供 (現在有很多人到飯館用餐前，也會習慣先上網看看該餐廳的評價，以免踩雷)。

4. 如果某件商品或是好康訊息得到一個知名部落客青睞而大力推薦，讓經常造訪該部落格的網友進行點閱，再透過呼好道相報的心理，迅速轉貼告知週遭親友，一傳十、十傳百，這一來等於協助該商品進行大量曝光，經過網路傳遞、發酵而讓該網路商店瞬間爆紅，其擴散威力是非常的可觀！

## 部落格行銷宣傳實例

很多知名的部落格，都常都具有一些特質，而且部落客經營部落格的初衷，或許不是那麼的商業，大多是為了自我的理念與堅持，不過如果可以一邊抒發自己的言論，又可以獲得收益，那真的是兩全其美、皆大歡喜。

以下，將會整理幾種部落格的類型，除了欣賞各種不同的部落格風格，以及部落客們經營部落格的成功之道；也看看他們如何透過部落格進行網路行銷。

1. **理念改革類**：頗負盛名的部落客在自己的部落格上發表自我看法，當網友認同度高的時候，對該部落格的所言所聞就容易變成一種崇拜或是群聚效應。

2. **專業理論類**：如果部落客可以提供很專業的技術文章、研究報導，有利於大家的學識增長或是整理有效方法來解決大家常會遇到的問題，這類的部落格會因為技術導向或是民生必須的因素而擁有大量的追隨者。

3. **自我分享類**：無論是野人獻曝還是掏心掏肺，許多部落客大方地分享自己對於一些商品的使用心得、美食經驗、減肥妙方，甚至附上教學影片。當網站擁有超高人氣與點閱率時，除非仍能保持客觀態度，否則容易變成廠商邀約的業配文對象。

4. **企業部落格類**：很多經營網路商店的商店或是企業體，都會再為自家的商店設立部落格，可是有了網站為什麼還要部落格？

   因為部落格可以透過第三人的立場，客觀地進行商店介紹，描述商店創立經營時的心路歷程、報導商店舉辦各式活動的花絮側寫、或是以商品製作商品的過程點滴為主體，透過敘述故事的方式，讓訪客感覺商店的用心與深度，拉近人心。

   企業部落格不要一味市儈地只介紹自家商品價格，或是要去哪裡購買，應該怎麼匯款，這樣就太商業化、過於功利，反而會失去 "格" 調。

5. **人氣創作家類**：有很多藝術創作者，透過網路的無遠弗屆與散佈速度的風馳電掣，加上近乎於零的發行成本，採獨立製片模式來發表自己的作品，如果獲得不錯迴響，長期經營，進而可以累積忠實讀者群，假以時日，登高一呼，這就是很可觀的宣傳力量。

   其熟能詳的網路作家：痞子蔡、酪梨壽司、工頭堅、史丹利、貴婦奈奈...等；插畫作者：幾米、洋蔥頭、米滷蛋、可樂王、四小折、海豚男、小五毛、小賴...等。很多創作者當初可能只是單純地描寫親身經歷的感動、或是發發生活上的牢騷，或為市井小民發聲，沒想到無心插柳下卻意外受到網友注目，成為網路竄紅傳奇。

6. **素人類**：許多 "普通人" 把無限的創意，發表在自己的網誌上，往往帶來許多共鳴與驚喜。例如：當紅的日本飛翔少女 (或稱：漂浮少女、浮遊少女)，因為想要紓解平日緊張的生活，所以突發奇想地拍攝自己跳躍的樣子，並且放在部落格上供人瀏覽，讓大家可以感受無重力的輕鬆，結果大受好評。

7. **明星名人類**：藝人、歌手、時尚名媛或是運動明星，在自家部落格張貼廣告輪播廣告或刊登商品，以及張貼自己的網拍帳號或是商店網址，都是部落格行銷的好方法，挾帶著星光熠熠的光芒，半代言式的感覺，行銷效果驚人。

## 不同分類的部落格介紹

### 我是馬克 i'm mark

馬克是台灣插畫家，於 2008 年 8 月起在個人部落格上以職場百態為主要題材進行三格或四格的漫畫創作，因而成名。他早期因為公司經營不善又幫朋友作保而有巨額負債，沒有放棄工作，反而培養出敏銳觀察力並鍛鍊不拖稿的堅持，對於職場生態常以幽默又充滿無奈 "靠腰" 的風格描述，獲得相當大迴響。

我是馬克 i'm mark (markleeblog.pixnet.net)

### 吳子雲的橙色九月(藤井樹)

吳子雲認為文字是除了電影以外最大的力量，所以停留在文字的世界等待與電影相遇的機會。從 2000 年 ～ 2014 年之間，共出版了 21 本書，也是網路小說史上第一個為自己的作品寫歌，並第一個為自己的作品製作動畫的人。

吳子雲 (hiyawu.pixnet.net)

### よわよわカメラウーマン 日記

這是日本女孩 Natsumi Hayashi 以拍攝跳躍於半空的相片為主題的部落格，她稱為 "浮遊"。因為這個特別又頗具難度的拍攝方式，頓時讓許多人注意到這個部落格，也讓她意外爆紅。目前在日本開辦過多次攝影個展與座談會，並在台灣發行過浮遊攝影集，很值得一看。

よわよわカメラウーマン 日記
**(yowayowacamera.com)**

### 五月天阿信

在台灣有許多藝人都會經營副業，五月天的主唱阿信，自己也有創立一家潮牌服飾店 "StayReal"。

他會在部落格張貼自家商店的連結網址，除了簡介品牌多元化的商品特色，稍微帶點置入性行銷，再加上偶像天團的魅力，果真讓商店的業績驚人。

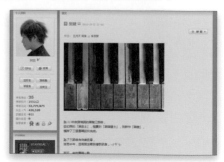

五月天阿信新浪博客
**(blog.sina.com.cn/musiq)**

## 部落客賺錢術正是賣家的廣告投資之道

部落客辛苦地經營部落格與撰寫日誌，如果吸引大批瀏覽者到訪，該部落格的言論，將有舉足輕重的影響力，也代表是個曝光度高的網站。人潮可能帶來錢潮，如果在這樣的部落格上面放上自家網站廣告，將會是一個不錯的網路行銷方式，預計可以吸引大量訪客。一般知名的部落客是如何利用網站的流量賺錢謀生呢？

1. **張貼廣告連結**：很多網路廣告公司看上高人氣的部落格網站，對部落客提出張貼網路廣告即可賺取廣告佣金的方案，所以，各位部落客不妨試著向這類廣告公司註冊，申請廣告張貼，靠著網友瀏覽或是點擊位於自家部落格上的輪播廣告區塊，帶來廣告費用收益，真的讓部落客在睡覺時都有錢賺。

Google AdSense 提供站長或是部落客進行張貼廣告的收益計畫 (adsense.google.com)

各位賣家，如果您也是部落客，可以張貼上述廣告商的廣告連結來賺些外快，可是在自家商店貼上別家商品的廣告，容易模糊商店焦點，造成客戶不知道到底是要來買你的東西還是別人的商品。賣家經營網路商店的主力，應該是要放在販售自家商品來獲利，而不是賺取廣告佣金，況且賣家自己要照顧網路商店又要分身打理部落格(而且即使全力經營部落格也不一定寫得過其他人)，真是吃力又不討好。

既然主要工作是經營網路商店，不妨直接去購買各大部落格的廣告，把自己的商店網址分布於各大有名的部落客網站內，讓他們為自己的商品打廣告做曝光；如果賣家熟識著名的部落客，也可私下拜託友站連結一下，不過要注意商品使用評論是否公正客觀，以免變成廣告不實的反效果，畢竟水能載舟亦能覆舟。

賣家投資部落格廣告的預算，可能不比購買關鍵字廣告的成本還大，但其廣告效果的範圍與曝光量，或許有過之而無不及唷！因為關鍵字廣告通常是有需要該商品的網友，到搜尋引擎去輸入字串來檢索，因此可能原本就是此類商品的使用者與關注者，對於商品定見較高，不一定會輕易改變支持品牌，除非周圍親友舉薦，才比較有可能會換口味試試看；而部落格廣告是讓對該部落格有信賴、長期追文的格友們自投羅網，主動或是順帶看到部落格上的小廣告，如果格主還願意發文推薦，格友們就容易情不自禁地點選廣告來看看，這樣正好幫助投資部落格廣告的賣家們，或許可以帶來意想不到的客群上門。

所以，關鍵字廣告可以對於該類商品有使用需求的既有人群做到強化推薦，讓他們在搜尋該類商品時，也可以看到自家商品出現在贊助商廣告區域內；而部落格廣告，可以吸引沒有使用過自家商品的陌生客群。

2. **外掛購物車程式**：除了被動地張貼網路行銷廣告，等候訪客點擊廣告賺取收益，部落客也可以自己主動出擊，把想要自售的商品透過外掛的購物車程式，複製到自己的部落格、社群或是官網，馬上可以變成小型的購物網站。

gogoCart 部落格購物車 (www.bidder.cc)

## 部落格廣告商選擇

賣家們如果有足夠的廣告預算,建議全部管道都應該投資看看,以下是幾個網路上較大的部落格廣告業者,可以多多比較,各家廣告模式與計價方式也稍有不同:

BloggerAds 部落格行銷
(www.bloggerads.net)

通路王 (www.ichannels.com.tw)

NeoBux (www.neobux.com)

ClixSense (www.clixsense.com)

Hits4Pay (www.hits4pay.com)

問答題

1. 把網站宣傳出去是推廣網站的方式，商業行銷有哪幾種方式並簡述說明？

2. 網路行銷的種類有哪幾種行銷手法？請列舉二項並簡述說明。

3. 網站網址登錄有哪幾項注意事項，請列舉說明。

4. 為什麼要選擇 SEO 服務？以及 SEO 如何收費，請簡述說明。

5. 什麼是部落格行銷？請簡述說明。

# 10

# 社群行銷與手法

# 10.1 社群經營

網路社群是指一群有共同目標、興趣或是活動偏好的網路成員，彼此在一個共同的網路平台上進行交流、互動、分享資源與經驗。

## 10.1.1 網路社群的定義

網路社群按照組織的龐大，還可編制各級版主或是站長，進行協調整合，活動召集，公告發佈、促進社群發展。

提供各種社群交流的網站都算是社群網站，通常撐過草創期之後還能屹立不搖，逐步發展的話，日後往往是大者恆大，也可能改變初衷或是轉而商業化，很多發展龐大的社群網站甚至被知名入口網站買下 (例如：YouTube 被 Google 收購)。既然未來遙不可測，建議在各社群提供免費服務時去申請使用，儘速培養人氣與洞悉市場脈動，並隨時注意網站經營方向以及是否開放商業行銷，再順勢購買廣告做曝光，才是首要。

我們以大家都熟悉的維基百科為例，它的成立強調海納百川，有容乃大的精神，是全球最大的資料來源網站之一，並開放給所有人編輯、修訂，無論是任何年齡、來自何種文化或社會背景的人都可以撰寫維基百科條目。維基百科設有多個不同語言版本，成立之目的為提供自由的資訊。

另外一個例子是 YouTube，它是線上影片社群網站的巨擘領導者，全球網友都可以透過這個平台觀看及分享原創影片。YouTube 為使用者提供一個社群模式，方便全球使用者彼此聯繫、交流資訊、激發創意靈感。對於影片原創者和大小型廣告客戶而言，這裡是他們的內容發佈平台，而且 YouTube 會提供廣告金給高瀏覽率的影片作者。

維基百科 (www.wikipedia.org)

YouTube (www.youtube.com)

## 10.1.2 網路社群的種類

一般網路社群的種類包含了網路留言板、電子佈告欄 (BBS)、新聞群組 (NEWS)、影音社群、書籤分享、論壇/討論區/綜合型社群平台、網路家族...等等。

---

**point**

### 社群網站與 Web 精神的相輔相成

許多人都以類似軟體版本的方式來說明網路的發展模式：

1. **Web 1.0 時代**：由網站主進行自我式發言，瀏覽者只能被動地接收資訊，也沒有直接回應與公佈的管道。

2. **Web 2.0 時代**：強調多人共筆、無私分享，不再僅是站長的一言堂，而是集結眾人之力、集思廣益進行編輯與發表，讓各項資訊內容趨於客觀、廣博而全面，並且透過網際網路的傳遞，讓資訊流通更加快速，也更具即時性，因此也催化了社群網站的能量。

3. **Web 3.0 時代**：除了具備人工智慧的語意網，而各式便利的移動裝置上網，也將佔據重大成分。

無論是身處哪個時期，社群經營漸漸由所有使用者來共同參與、共同分享、共同擁有與治理，變成最理想的網路新時代，網站本身只是一個交流媒介，所有重點回歸到參與該社群的網友本身。

---

## 10.1.3 常見的社群行銷方式

### 網路留言板的交流行銷

有些網路留言板主要是提供大家發問疑難雜症與尋求答案，因此在解答後留下帶有網路商店網址的簽名檔或是文字廣告，無傷大雅，也還算能被接受；有些行銷手法是先故意提出問題，再利用另一個帳號來回答問題，並提出寶貴建議，請大家去買指定商品才能獲得保障與解決，甚至利用更多其他帳號來追加迴響，所謂三人成虎、眾口鑠金，而真相是該項指定商品就是原發問者的自家產品。

原則上，有人詢問某類自己有販賣的商品時，即使已經有其他商家捷足先登推薦過他牌商品，其實仍是可以再舉薦自家商品，不過不要批評或是攻擊其他廠商，可以改成另外提供一個參考的方式，例如："剛剛那個產品不錯，還有一個商品也有類似效果，可以嘗試看看..."，發表的內容要客觀；盡量不要製造假問題，或是過份使用網路分身進行多重廣告宣傳，以免反效果。

Yahoo! 奇摩知識家 (tw.knowledge.yahoo.com)

# 電子佈告欄行銷 (BBS 行銷)

電子佈告欄 (BBS, Bulletin Board System)，通常流行於各大專院校，是非常早期的網路社群型態服務，也因為年輕的知識分子充滿熱血、正義、青春和強烈的求知慾與求新求變的精神，想要包打聽任何新鮮事情或是消費好康，甚至想直接宣傳自家商品，到各大 BBS 站發表準沒錯。不過賣家們可要準備好，學生的言詞批判可是非常犀利，而且不留餘地唷。

## 台灣最大的八卦集散地- 台大的批踢踢實業坊

台大的批踢踢實業坊 (Ptt) 每天平均有百萬人次觀看的流量，舉凡校園資訊、學術活動、交通服務、資訊交流都盡在其中，堪稱國內第一大 BBS 網路社群。

台大的批踢踢實業坊 (Ptt)
(BBS 站台：telnet://ptt.cc、WEB 站台：http://www.ptt.cc)

# 論壇 / 討論區 / 綜合型社群平台

論壇和討論區也是網友交流的園地，除了類似留言板可以發問求解以外，建議多發表與該網站討論主題相符的文章，或是原創性的新品文章、商品使用心得文章 (開箱文、勸敗文)，並且針對網友發問進行回文，累積人氣，並可於簽名檔加上商店網址或相關超連結，讓有興趣的網友自行點閱，以被動性的狀態進行宣傳，如此溫和、低調間接的方式，比較容易被此區塊的網友接受，有如 "姜太公釣魚" 的行銷方式。

以下介紹幾個不同類型，但是擁有超高人氣的論壇網站，這些網站也是各家廣告商極力爭取合作的對象，建議各位站長可以考慮在這些社群投入廣告預算，替自家商店爭取曝光。

**FashionGuide 綜合討論區**
**(forum.fashionguide.com.tw)**

**BabyHome 寶貝家庭親子網**
**(www.babyhome.com.tw)**

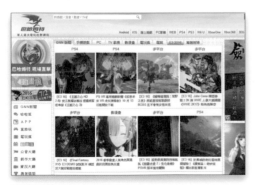

巴哈姆特電玩資訊站 (www.gamer.com.tw)

超頻者天堂 (www.oc.com.tw)

# 10.1.4 非試不可的 Facebook

現在如果要舉辦同學會，可能已不需要再去翻閱畢業紀念冊；現在如果要舉辦運動大會，可能已不需要再去查找參賽者通訊錄；現在如果要號召粉絲歌迷，可能也不需要再趕著去打開後援會名單。因為這些事情，都可以先到 Facebook 裡登高一呼、發起串聯，除非有人還沒有申請該網站會員！

## Facebook 是什麼，一本多少錢？

Facebook 是一個重量級的社群網站，當初網站開發緣起與沿革還被寫成小說並翻拍成電影，得過奧斯卡最佳剪輯獎。早期的 Facebook 是因為 "開心農場" 而打開知名度，不過會讓網友狂熱的原因，是 Facebook 將網站社群發揮到極致，由會員個人為中心連結到相關的群體，而且服務多元化、與時俱增，不斷推陳出新。

Facebook (www.facebook.com) 將個人、社團、粉絲專頁連結起來，將社群的關係發揮到極致。

## Facebook 讓人上癮

Facebook 不僅可以介紹自己的詳細資訊、連結其他親友帳號、玩線上遊戲，目前還可以發短訊、留言塗鴉、推薦說讚、寫網誌、貼相片、傳影片、聊天、辦活動、填問卷、投票、成立社團、打卡 (手機版本)。Facebook 首先對網站發展型態做了明確的定位，並且快速整合了眾多網友常用的功能，大家想想看，現今還有哪個網站可以一次提供上述所有服務呢。

Facebook 的全球會員人數龐大，許多人都戲稱它為世界第二大國，但是整體網站運作速度仍是順暢快速，這是一項非常吸引網友持續進站的原因，訊息傳遞不用等，真的 "非試不可"！

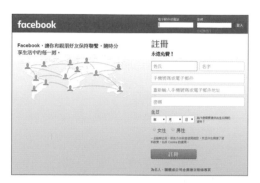

# 很 "讚" 的 Facebook 病毒式行銷

當各位在別人的 Facebook 裡面按一個 "讚" 或是回應留言後，這些訊息會回傳到自己的動態時報上。因為 Facebook 要把每個會員的最新狀態與網路作息即刻告訴所有的朋友，瞬間由點到線而成面，形成了一股不可小覷的社群行銷力量。因為這樣的傳遞方式跟一般的電腦病毒十分類似，許多人稱之為病毒式行銷。

例如：在自己的 Facebook 裡面推薦了一個商品之後，你的友人因為感同身受而按下一個 "讚"，這個原本只出現在自己 Facebook 裡面的推薦訊息將會轉回這位友人的塗鴉牆同步張貼。如果這位友人 Facebook 裡面的朋友們看到這個訊息，再按一個"讚"或是回應留言，所有曾按讚或是留言人的 Facebook 都會再次出現這個商品的訊息回應通知。訊息的傳遞將如同滾雪球一般，商品行銷的範圍也可能因此擴及原本不認識的友人的朋友們。

**Facebook 登入與註冊頁面**

根據統計，平均每個人的 Facebook 有超過 130 個好友，所以按下一個 "讚" 後至少會傳遞給 130 位朋友，如果這些朋友有人又按下 "讚"，即會將訊息再傳遞給他們的朋友，以此類推，這樣的行銷威力非常巨大！

# 利用 Facebook 建立商店的官方粉絲專頁

除了擁有 Facebook 帳號之外，幫商店成立 "粉絲專頁" 即可在 Facebook 裡面建立自家品牌。為自家商店建立 Facebook 粉絲專頁的方式十分簡單：首先請登出後再進入 Facebook 首頁，從畫面右下方按下 **建立粉絲專頁**，然後選擇適當商店屬性，填寫基本資料，循序完成申請步驟。

您也可以直接由"http://www.facebook.com/pages/create.php"進行申請。

**Facebook 申請粉絲專頁十分簡單**

預設的粉絲專頁網址較為冗長，記得先蒐集 25 個 "讚"，將可換成客製化的自訂網址 (短網址)，設定後就不能再更改；趕快呼朋引伴來幫忙，讓 "讚聲響起" 吧！

### Facebook 提供的各類型服務功能比較

Facebook 提供申請的三大類型：**個人檔案 (Profile)** 針對個人，好友人數上限為 5 仟位；**社團 (Group)** 針對非營利團體，屬性傾向於團體內部的經營、通常較為封閉而不全面公開；**粉絲專頁 (Fan Page)** 主要針對商業化經營的企業體或公司，也可以是個人，粉絲人數無限制，屬性較為對外並且開放。功能差異進行比較如下：

| 主要功能 | 社團 (Group) | 粉絲專頁 (Fan Page) |
|---|---|---|
| 購買廣告 | 允許 | 允許 |
| 訪客人數統計與行銷數據分析 | 不允許 | 允許 |
| 消息發送、群組信 | 可以發送，出現在收件箱 | 不能發送，只顯示在通知欄 |
| 設置或外掛應用程式 | 不允許 | 允許 |
| 塗鴉牆訊息分享 | 成員無法在自己塗鴉牆看到，須在社團首頁瀏覽。 | 粉絲可直接在臉書塗鴉牆看到訊息，免進粉絲專頁。 |
| 自訂網址 (短網址) | 不允許 | 允許 |
| 發起活動、討論區、照片和視頻公眾交流 | 允許 (還可以聊天) | 允許 |
| 多位管理員 | 允許 | 允許 |
| 訊息內容產生 | 需要手動輸入生成 | 支援其他網誌自動導入 |
| 使用者控制項 | 提供更多的許可權控制 | 僅可通過一定年齡和位置進行限制 |
| 公共可造訪性、資訊開放性與會員加入的申請限制分析 | **開放類型**：所有資訊皆為公開，允許任何人加入社團。<br>**審核類型**：任何人皆可申請加入，須先通過管理者審核才能閱讀社團資訊。<br>**隱藏類型**：不能被搜尋且須社團管理者主動邀請。 | 訊息完全公開、允許任何人加入、並支援搜尋引擎查詢 |

## 社群網站的行銷網戰

目前 Facebook 已經開放付費廣告張貼，讓網路行銷市場重新洗牌，很多企業主、網路商店對於這個社群都非常重視，願意投入廣告成本，建議賣家們可以考慮以下幾個行銷方式，利用社群互聯力量進行銷售大戰。

1. **購買 Facebook 官方的付費廣告**：在 Facebook 各個頁面的右方，點選刊登廣告，即可連結到付費廣告專區進行申請。

2. **付費給網路行銷公司，讓他們將商店訊息發佈到 Facebook 上**：因為網路行銷公司掌握的 Facebook 粉絲較多，也匯集了各種網路商店的種類，客群廣大，由他們設計專業的活動做 Facebook 社群的網路行銷，或許比較迅速直接，也節省時間。

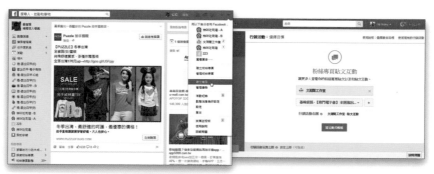

很多網站行銷公司透過程式去留言或購買 Facebook 付費廣告達到宣傳效果

3. **店家自己在 Facebook 做行銷**：賣家自行設計企劃活動專案、推出商品優惠，或是舉辦贈品抽獎活動，然後公布於自家 Facebook 的粉絲專頁，吸引網友加入。

不少企業為了與粉絲互動，會常常在 Facebook 上推出抽獎活動，引起關注。

# 10.1.5 微網誌社群

部落格網誌的發表，討論的事情可以比較詳細，而且保存狀態也比較完整，不過卻需要較多文字的堆砌。如果只是想要快速地利用三言二語發表一下自己目前的動態、感想或是曬曬幸福，可以試試 "微網誌"。

透過 "微網誌"，可以把自己發過的簡短消息利用時間流概念列出，不僅可以讓朋友知道自己的最新情況，並且可以針對各個時間點的短消息內容進行立即回應，通常有 140 字的訊息長度限制，想多寫也沒有辦法。也正因為現今的智慧型手機上網普遍，在微網誌上面只要輸入幾個簡短文字作為訊息傳達，對於發訊者與收訊者都方便，似乎更符合現今忙碌的社會。以下是流行的微網誌分享：

1. **Plurk 噗浪 (www.plurk.com)**：以 "時間流" 進行短消息交流的網站，可以自由發話回應，以時間點做註記，國內很多名人都有自己的噗浪，有興趣的人都可以自行加入該帳號，進行 "追浪"，隨時可以關心對方動態，讓消息不漏接。

Plurk 噗浪 (http://www.plurk.com/top/)

2. **新浪微博 (www.weibo.com)**：因為兩岸流通日趨頻繁，所以對岸許多名人喜歡使用的微型網誌，也讓台灣的粉絲可以及時上網追逐群星動態。對岸習慣把部落格稱為博客，所以微型網誌就是微博。

3. **Twitter 推特 (www.twitter.com)**：目前以國外使用的狀況比較普遍，許多電影明星與球星發布重大消息都會選擇它，甚至是總統也都是該社群會員，讓追隨者即使一刻不得閒，也樂此不疲地 "推" 己及人。

新浪微博 (http://tw.weibo.com/)

Twitter 推特 (https://twitter.com/?lang=zh-tw)

# 10.1.6 加入團購社群網站做促銷

因為近年來物價波動巨大，有越來越多網友開始加入團購、好康促銷或是商品廣告免費刊登的社群網站，隨時想要撿些便宜，幫荷包省錢。建議賣家們要推出一些自家商品的優惠，並且趕快洽詢這些網站如何結盟，進行廣告宣傳。

GOMAJI 夠麻吉團購 (www.gomaji.com)

ihergo 愛合購 (www.ihergo.com)

GoodLife 半價團購情報 (buy.goodlife.tw)

17Life 團購 (www.17life.com)

123 團購網 (www.123.com.tw)

# 10.1.7 其他行銷方式

1. **友站連結 (廣告交換)**：讓自己的網路商店和其他網站交流，透過互相交換廣告連結的網網相連機制 (例如：友情 / 友站 / 好站連結...等)，不僅可以互通有無、擴大觸角、增加人氣以及曝光，也製造了讓意外的訪客經由別人網站，連結到自己商店的可能性，可是一舉數得的網路行銷好方式。

2. **建立分站連結 (網路分身)**：這個與上述方式有點類似，差別是自己建立很多各別獨立的網路商店，然後互相放置其他網站的廣告連結，而老闆都是同一人，常見於 SEO 行銷技術上。

3. **信件轉寄與連結**：如果擅自寄發廣告信件給陌生人，有被當成垃圾信或是觸法的危險，如果把一些商店優惠、新品介紹，或是商店部落格網址先寄給親朋好友，再利用部分朋友會轉寄給其他友人的習慣，可以造成大量轉寄的廣告行銷效果。因為認識的朋友之間傳來的信件，比較有被開啟瀏覽的可能。當然，不要因為想要置入性行銷，而把一些非絕對必要的生活資訊或是無關的尋人啟事進行轉寄。

4. **多媒體廣告模式 (Rich media)**：多媒體是比較新的廣告形式，包含：影音廣告 (Video)、擴展式廣告 (Expanding ads)、撕頁廣告 (Peel down)、浮層廣告 (Floating ads)、下推式廣告 (Push down page)、背景廣告 (Wallpaper)、全螢幕插播廣告...等。相信有很多人已經在一些入口網站體驗過，這些動態展示又內建酷炫影音的媒體廣告，非常吸引人，尤其是周休前夕，房仲建案廣告會大量曝光，假日則是汽車廣告居多。多媒體的出現，正式向文字模式的關鍵字廣告宣戰，不過製作費用較高，需要的版面也以入口首頁為主，因此成本較高。

5. **RSS 訂閱行銷**：如果我們每天去看偶像的部落格網站，從頭到尾瀏覽一次後才發現當天沒有新的內容資訊，那會很失望也很浪費時間。若訂閱了該網站的 RSS (Really Simple Syndication)，當網頁有任何新的更新資料時，就會發佈通知給我們，如此即可以逸待勞，等有空時再去好好瀏覽。因為 RSS 技術比較新穎，可以搶先為自己的網路商店加上，讓舊雨新知不用每天引頸企盼、癡癡等候，只要商店資訊更新或是新品到貨時就會主動通知，相信這樣貼心的做法，除了可以擄獲客戶的心，也抓住了商機。

# 10.2 商品文案包裝、行銷手法與經驗分享

善用好的行銷方式,可以為網路商店帶來瀏覽訪客,可是要讓訪客變成願意消費的客戶,主要誘因有:清楚美觀的商品圖片、吸引人的文案、優惠的促銷活動。

## 10.2.1 商品文案包裝

商品本身的文字敘述也是個學問,早期聽過唐先生的蟠龍花瓶故事,讓我們知道拍賣網站的重要;大家疲倦、"累了嗎" 的時候,可能不是想到咖啡,而是要喝提神飲料;而在玩線上遊戲時,可能要隨時狂喊:"殺很大" 或是 "On Line"!

商品描述如果只是平鋪直述地列出品名、顏色、尺寸大小、重量、價格...等等,雖然這些內容是必須的,不過缺少了一點點的文藝氣息,也降低了感動消費者繼續閱讀的意願。

### 故事性文案

饒富創意的文案可以改變一成不變的商品介紹方式,加點想像與變化,先對商品的來龍去脈或是前世今生做點研究,幫商品來由、歷史說個故事,埋梗鋪陳,再循序介紹到商品本身的規格,不要長篇闊論,小品即可,保證可以引人入勝。

1. **教材式**:當初看到網路販賣 "美人腿",名稱很引人好奇,本來以為是和某位正妹有關的商品,結果原來是當地盛產的筊白筍,因為水質乾淨,種植方式又採 "菜鴨生態防治法",所以其外型特別白嫩又修長,才得此名。

   沒想到,看了該文案後也順便上了一課,有趣又記憶深刻,下次去埔里除了品嚐美酒美食,也會想順便買些筊白筍,這就是個很好的教材式文案包裝。

南投縣埔里鎮農會 (www.pulifarm.org.tw)

2. **趣味詼諧式**：目前新聞與報導都充滿聳動與腥羶色 (Sensational)，如果從商業角度來看，適度在商品文案包裝時，加入當前時事、新聞或是流行語，這是無可厚非的，不過使用的勁道和拿捏，就要留意，以免引起群情激憤而成為攻擊箭靶或是挑起筆戰；也因此，即時地更新流行資訊，更是相對的重要。

   例如 **瘋狂賣客** 購物網過去堅持 "每日一物"、每天中午 12 點準時把商品換檔、每天一篇幽默有趣的商品文案，不定時搭配 "百元雜碎袋" 商品、"別催我" 貨運政策與 "深呼吸" 客服政策，看似離經叛道又另類的手法，常常造成網友瘋狂搶購。

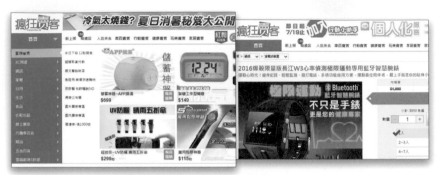

瘋狂賣客 (www.crazymike.tw)

## 圖文並茂的開箱文案 / 勸敗文案

很多有犧牲奉獻精神的網友，對於新品總是願意充當第一批白老鼠，進行購買並測試，還把自己嘗試後的商品經驗結果上網進行圖文分享。賣家如果可以把這樣的精神應用到自家商品文案的撰寫上，進行詳細的拍圖與細節展示和說明，相信會讓買家對於商品的疑惑一掃而空，馬上下訂購買。

1. **公正專業式開箱文**：大部分都是網友分享商品試用心得，不太涉及商業性買賣，不過因為大家的開箱文都是料好實在，衷心建議賣家們多多參考學習。

**Mobile01 (www.mobile01.com)**

2. **天人交戰的勸敗文**：有些網站會精挑品牌、堅持嚴選，總會讓人心動進而產生購買行為。網站內的商品文案其實就是一種開箱文，只是文章最後會加上幾位有力人士的評鑑分數與該商品的購買連結，所以算是商業性開箱文，也等於是勸敗文。

敗家網 (www.byja.com)

## 獨特性商品文案

我們之前闡述過，販售的商品必須要品質良好，而且至少要找出一樣與眾不同的地方，請把握這個特點，在文案中加入這項訴求，很多買家不一定只是考量商品價格，而是對於商品有某一種堅持，如果沒有具備這個特殊性，寧可不買。

1. **主題式商品**：有聽過主題式樂園或是主題式餐廳嗎？如果賣家針對某個主題來販售該類商品，針對特定需求類型的客群來設計，讓愛好者可以不用尋尋覓覓，直接找到想愛的商品，而且已經透過賣家的精選，其格調應該也會非常合適。

例如：**Zakka 雜貨網** 這個網路商店分成幾個不同專區：趣味雜貨、辦公小物、居家生活、廚房浴室、個人流行。每個區域的商品小物都很有設計感，之前還有小人系列與療傷系列，非常有意思。

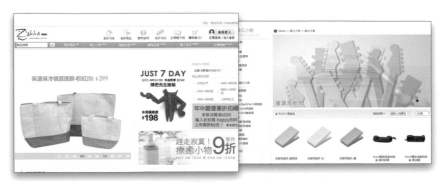

Zakka 雜貨網 (www.zakka.com.tw)

2. **產地強調商品**：以前常聽到大家購買家電都指名日本品牌、買汽車都偏好德國工藝。曾幾何時，日常生活的物品，台灣製造已經變成大家所追求，因為手工精細、用料講究、品管嚴格，所以標榜台灣設計或是台灣製造，變成許多網路商店的特色與賣點。還有各縣市的特色農產，例如：大甲芋頭、瑞穗乳品、東港黑鮪魚，也常是商品主打時會強調的在地特色。

自從國內爆發多起食安風暴之後，大家更重視蔬果食材的源頭與履歷，也更願意多花一點費用來購買有機或是天然無毒的農作好物，也為許多擁有優良品質的在地食材創造了無限商機。

台灣好農 (www.wonderfulfood.com.tw) 與悠活農村 (www.yooho.com.tw)

3. **功能性商品**：商品如果可以改善某種擾人的狀況，或是有特殊的功能性，也很容易讓人趨之若鶩。

例如：**Comode** 網站的主要產品是超彈力西褲，強調使用獨家專利的彈性腰頭技術，打破傳統褲類穿著窘境，讓各種腰圍尺寸完全相容於同一條褲子，而且超耐磨又不褪色，以及保證台灣製造。

Comode (www.comode.com.tw)

# 10.2.2 商品內容敘述的要領

雖然有創意發想的文案可以幫商品加分，不過商品基本的內容，還是要註明清楚，以免讓買家看完精彩的文案敘述之後，卻仍不知道店家在賣什麼。

## 強調商品的屬性與特色

商品標題的撰寫方向，除了要考量客戶購買商品時關心的基本屬性要件 (例如：品牌、尺寸、規格、材質、顏色、風格、圖案、價格...等)，更要利用標題文字點出商品的專業屬性項目，甚至是商品型號、產編或貨號。雖然網拍商品標題可以輸入約 40 個字，自家網路商店的商品標題文字數目更是不在此限，不過還是盡量先把商品最大重點與關鍵特色寫入標題前 13 個字，才能吸引訪客目光。

例如：商品為數位相機時，其畫質像素、重量、電力、價格等訊息便是客戶所關心的重點；如果商品為女性精品時，其品牌、尺寸、材質、顏色等資訊則為買賣溝通方向。

如果商品標題為："復古色牛仔垮褲"，這樣可能對於商品介紹稍嫌不足，而且語意不清；但若依照：**[<商店名稱>] + [商品廠牌名稱] + [商品基本屬性敘述] + [商品專業屬性敘述] + [時下流行因素加持]**，修改後將會變成："**<XX 小舖> EDWIN 全新復古色嘻哈風潮人低腰牛仔垮褲 L 號，最夯 503 立體剪裁版 (BIGBANG 世界巡迴穿著同款)**"，如此是不是讓人較為一目瞭然呢！再稍微說明上述各括號中間的意思：

1. **商店名稱**：每樣商品標題都要記得先標示商店名稱，而且在店名前後加上「<>」角符號或是引號作醒目提示。因為很多買家是利用店家名稱作搜尋，而且日後回購也多會直接找店名而不是找商品，所以沒寫商店名稱就太可惜了。

2. **品牌名稱**：有些買家有品牌支持度與信賴感，商品若是知名品牌，務必註明。

3. **商品基本屬性敘述**：很多買家是普通消費者，只是要買件牛仔裙，不管品牌或是特殊效果，因此賣家至少要把該商品基本屬性內容標示出來，方便被搜尋。

4. **商品專業屬性敘述**：部分買家是老饕等級，只買某品牌的特定商品，甚至只鎖定某型號，若賣家加強這種商品特殊性進行標題敘述，肯定能吸引該類客群。

5. **時下流行因素加持**：有些名人本身就是忠實愛用者、剛好代言或是在公開場合使用到該商品；或是加入目前新聞時事、搭個順風車，也能為商品文案加分。

許多賣家下商品標題時，會比較譁眾取寵或是投機取巧，故意在 **流行因素加持** 的前後作文章，例如：(1) XX 潮服，連 "周董" 都可能穿過呢；(2) XX 彩妝，時尚大師 "老牛" 或許會推薦；(3) XX 包包，品質不輸 "LV"；(4) XX 平板觸碰電腦，這不是 "iPad" 喔；(5) XX 觸控智慧型手機，非 "iPhone" 喔！

雖然看起來似是而非的標題，有點文字上的陷阱容易讓人誤會，加上故意引用名人與國際廠牌加持，雖然搜尋時也會被找到，可是當買家仔細看過內容後總會難掩失望，甚至憤而拒買，容易變成誤導買家的違規行為。

豪宅也有 "林來瘋"

## 不要打錯商品文字或讓英文數字相連

如果打錯或是拼錯商品裡面的重要關鍵字，想要讓訪客找到，可是比登天還難。其中商品名稱夾雜著英文、數字時，請注意英文字與數字間是否有空白也會導致搜尋結果不同，所以最好不要在重要英文字前後加入其他符號，或是讓英文與數字相連。

## 減少干擾視覺的特殊符號

商品名稱如果夾雜著許多星星、小花、泡泡...等特殊符號的標題文字 (例如：● ▬ ▬▬▬▬▬ ▏▏▏▏▏▲▽ ▼ ↓ ↑)，雖說看起來較為特別，但其實許多的買家不一定會喜歡這樣的呈現方式，因為太多的干擾符號，不但影響瀏覽，更無法即時得知商品的銷售狀態。

此外，因為網拍程式系統編碼的關係，有些特殊符號可能在某些頁面無法完整顯示 (例如：符號被切斷、變成亂碼...等)，因此建議儘量少用特殊符號，避免對方看不到完整標題的遺憾。建議如果需要讓標題有些變化，一般的符號如（）【】《》已經足夠。

# 10.2.3 商品訂價策略

## 瞭解客戶購買心態

賣家們需要先評估商品所要銷售的對象是何種階層，依據各階層的所得高低，可以大略推測出消費能力的強弱，以訂定較為合理的售價。

網路購物的買家，一方面是喜歡不用出門即可購物的便利性，但是有更多的原因是想找到更低價的商品，就像百貨公司於週年慶或特別節日折扣戰一樣，總會吸引許多人想撿便宜，所以在訂價時，也可考慮此項人性差異。

## 精確計算利潤空間

所謂的利潤即是 "銷售數量 × 實際賣出價格 - 銷售成本"。所謂的銷售成本包含了購買此項商品的進貨價格及花費的人力、時間...等，把這些因素都考慮進去，才能正確算出您實際需要訂多少價錢才能達到收支平衡，甚至是有利可圖。

## 超有魅力的數字訂價手法

1.  在生活中，常會看到 "199、299 吃到飽" 的文宣廣告，一方面不但抓住人們想要大塊朵頤、貪小便宜的心態；另一方面，數字 "9" 的力量，更加強人們消費的慾望。

    回到網路購物，就心理學層面來看，奇數較偶數結尾的訂價感覺來得"便宜"，所以若是商品訂價從 "200"改為 "199"，即使賣家少賺一元，但買家心中購買的慾望就會倍增。

2.  此外，搭配節日進行數字結合，例如："爸爸節"、"七夕"...等所產生的 "88 折"、"77 元"...等；或是由數字所產生的諧音，如："520 元" 即是 "我愛你" 等，也是另一種有趣而常見的數字訂價方法。

# 10.2.4 商品行銷技法

## 善用物以稀為貴心理

除了在標題中完整表達商品訊息外，抓住買家對於商品擁有時的尊貴以及與眾不同的優越感，可以再加上一些強調商品珍貴稀有、客製化量身訂做，或是因為商品組數不多，再度上架銷售或是補貨時間的不明確性，讓顧客加強早日入手為安的購買信念。

例如："有機健康"、"養生"、"純天然"、"手工製作"、"台灣製造"、"嚴選"、"限量"、"絕版"、"秒殺"、"僅此一檔"...等,不但吸引客戶進入瀏覽,更會引發購買的慾望,進而達到銷售目的。

## 多使用促銷字眼

商品售價便宜,一直是熱銷的不二法門,多多使用價格優惠作為促銷字眼,例如:"全店買十送一"、"新開幕全館 85 折"、"全館滿仟送佰"、"積點兌換贈品"、"限時倒數特價優惠"、"買一送一"、"結帳再 9 折"、"免運費優惠"、"加 1 元多 1 件"、"滿額零利率分期"、"商品試用包免費可拆不用還"、"清倉破盤價"、"整點下殺"、"激安"、"封館特賣"、"特價出清"、"仟元有找"、"買大送小"、"A+B 方案商品優惠"、"紅配綠商品折扣"、"相同商品第二件半價"...等。

另外像是飲料店、便利商店或百貨公司的 "集點換贈品"、"滿額紅利點數加碼送 "促銷手法,利用顧客不甘心只差一個紅利積點就能多獲得一些禮品或優惠,就會再額外消費來達成點數。小小集點制真的很吸金,賣家們也可藉此擬定自己網店的一套購物集點或是紅利計算辦法。如果可以再搭配目前當紅的智慧型手機的行動商務行銷,例如:透過 FaceBook 的 "到店打卡送優惠",或是在 DM 文宣加入 "QRCode" 條碼,方便 "低頭族" 直接連結到網站,這都會刺激買氣喔!

## 善待老客戶與回購行銷

想要讓客戶迷戀自己的網路商店,定期舉辦老客戶優惠以及巧立各式名目推出活動都是必須的。例如:生日壽星回店優惠、賣家慶生大放送、周年慶、年中慶、年終慶、慶祝白老虎來台特別首賣、響應陸客自由行大折扣、支持旅外選手為國爭光活動、節能減碳體驗購...等,除非自己不想辦,不然活動名稱真的可以千變萬化、俯拾即是。

## 搭配團購 / 免運費 / 直購折扣

貨運費用也是買家參考商品時另一個考慮的因素之一,賣家們若能在商品訂價時,便推出團購折扣或是滿額免運費的條件,不但可以減少買家對於運費負擔的考量,也增加優惠感覺,更可以加速商品成交的速度。此外使用一口價直購的折扣方式,或是對於首次購物的客戶能夠提供貨到付款的服務,節省講價時間與擔心貨品送來有誤的疑慮,也是加速交易腳步的小技巧。

## 商品以外的附加價值

網路買家應都深諳 "貨比三家" 的道理，若商品價格拼不過同業、無法再降價，還有溫情攻勢，例如：售後保固的完善或是客戶服務的周到，也能扳回一城。

## 略施小惠的贈品 / 試用包 / 折價券 / 購物金

賣家偶爾送送小禮物、試用品，可以衝高網站點閱率，甚至可以吸引會員加入與買氣，例如：加入會員免費送贈品、填寫問券送試用包、參加線上投票送折價券 (coupon)、推薦親友贈送 50 元購物金。俗話說："拿人手短、吃人嘴軟"，多送幾次試用包或贈品，當作廣告支出，肯定會有不好意思積欠人情的客戶來消費。

# 10.2.5 經驗分享

這裡分享幾個經典的成功案例，下個會微笑的賣家，可能就是您！

1. 有位賣家趁著韓劇剛在台播放並且流行時，在網路商店推出只要支付物流費 149 元，就可以免費獲得韓劇男女主角的定情物 "北極星十字項鍊"，半月之內，數個貨櫃的項鍊被網友索取一空，扣除運費成本，還有相當可觀的利潤。

2. 另一位賣家剛開店，想在短期內累積會員人數，因此把庫存的罐裝保養商品分裝成小瓶，然後在網店上發佈訊息：開幕首月加入會員者，可以免費獲得三種不同精美包裝保養乳液；如果回傳分享試用商品心得，再送一組！

   結果在一周之內會員就突破 500 人，還欲罷不能，必須繼續延長舉辦。此舉三贏：不僅達到網站行銷目的、也募集許多網路商店會員、更讓庫存商品得到充分運用。

3. 以前 PCHome 商店街裡面，有個 "抽獎專區"，讓賣家自行推出一個自家商品做為獎品，只要網友加入該商店會員，填寫正確連絡方式與基本資料，就可以參加抽獎。我們曾經推出一組網站虛擬空間作為抽獎的獎品，短短一周，竟然吸引超過 300 位的陌生網友加入自家商店當會員。大家想想，在一般狀況下，這可能需要龐大的行銷費用或是一年半載的時間，才能累積如此正確而且有效的會員名單 (相同道理也可以應用在 PCHome 商店街的 "集殺專區"，不過這兩者前提都需要賣家先付費加入 PCHome 商店街)。

問答題

1. 網路社群定義為何？請簡述說明。

2. 常見的社群行銷方式請提列二項並簡述說明。

3. Facebook 提供申請的服務有哪三大類型？

4. 吸引人的行銷手法中，商品文案包裝有哪些？請提列二項並簡述說明。

5. 在商品行銷技法中，請提列三項方式。

# 11

# 行動裝置
# 新應用

# 行動裝置沿革

手機、平板...等行動裝置充斥在現代人的生活，以下針對行動裝置發展趨勢做一個簡單介紹。

現代人已經離不開手機，如果有一天忘記帶手機，就會覺得與社會脫節。例如：現在美國職棒大聯盟正在進行的比賽，想隨時查看戰況；和朋友相聚，臨時決定看場電影，需要查看電影名稱及映演時間，若沒有手機可查詢，許多生活細節就完全被打亂。

出外旅行時可利用行動裝置內建的 GPS 系統，搭配地圖功能引導到達各旅遊景點、上網查看各個景點介紹，甚至目前交通狀況，讓旅遊豐富又愜意；一般人常用行動裝置收發電子郵件、玩遊戲、聽音樂，甚至看 YouTube 影片，隨時隨地享受流行脈動；生意人可使用行動裝置觀看股票最新動態、透過攝影機進行視訊會議、利用自動提醒功能的行事曆記錄重要事項...等。

## 11.1.1 行動電話與 PDA 的出現

談到行動裝置的歷史，就一定要提到 Robert William Galvin。他是全球行動裝置的先驅，在擔任 Motorola 的執行長任內，於 1971 年發展出全球第一個手機系統，1973 年開發全球第一隻原型手機，1983 年生產第一款量產的手機 DynaTAC。當時這樣一支可以隨身攜帶的電話，雖然體積及重量都非常可觀，但是仍然造成相當的震撼。

早期手機

PDA

1989 年 Casio 公司發表 PDA，PDA 的原文是 Personal Digital Assistant，中文稱為 "個人數位助理"，它只具備一些最基本的功能，如聯絡人管理、日程和記事，這些功能在現今大多數的行動裝置上仍是最重要的功能。

接著 Apple 公司於 1993 年生產名稱為 "Newton" 的 PDA，Apple Newton 已經可以觸控操作，並且支援手寫輸入、桌面同步，也內置了一些應用程式。

部分人士認為智慧型手機是源於個人數位助理，也有人認為智慧型手機是由傳統手機逐漸發展而來，儘管看法不同，但智慧型手機是傳統手機結合個人數位助理的功能，則是不爭的事實。原本 PDA 不具備手機的通話功能，但是越來越多人依賴 PDA 處理個人信息及事務，然而要同時攜帶手機和 PDA 兩個設備實在是一件麻煩事，所以廠商將 PDA 的系統移植到手機中，於是智慧型手機就誕生了！

## 11.1.2 黑莓機與 iPhone

2003 年 RIM 公司開發黑莓機 (Blackberry)，它有電話模組及清晰的鍵盤，並具備聯絡人及日程管理，與現在商業市場主流的型號有點類似。

2007 年 Apple 公司發表 iPhone，它的多點觸控和全頁面瀏覽顯示效果引領智慧型手機風潮。2008 年 Apple 公司再推出支持 3G 的第二代產品，迅速取得了更大的市場佔有率。而至 2016 年 3 月為止，4.7 吋螢幕的 iPhone 6S 與 5.5 吋的 iPhone 6S Plus 則是 Apple 公司目前設計銷售的新型智慧型手機。

黑莓機

iPhone

### 11.1.3 Android 的出現

2008 年 T-Mobile 公司的 G1 智慧型手機是第一個採用 Google Android 操作系統的手機，發佈時也造成轟動。Android 系統是一個開放式的系統，只要是開放手機聯盟的成員都可使用，它和 Apple 及 Blackberry 的封閉平台形成強烈對比，目前使用 Android 系統的智慧型手機正快速增長中。

舊金山 Google 總部外 Android 各版本代表吉祥物

### 11.1.4 平板電腦

行動裝置的另一個發展是平板電腦，平板電腦是一種小型的、方便攜帶的個人電腦，以觸控式螢幕作為基本的輸入裝置。使用者可以透過內建的手寫辨識、螢幕上的虛擬鍵盤、語音辨識...等進行操作。多數的平板電腦更支援多點觸控，使用手指觸控、書寫、縮放畫面與圖案。

GRiD Systems 公司於 1989 年製造第一台商用平板電腦 GridPad，使用 MS-DOS 做為作業系統基礎，開啟了平板電腦的契機；1992 年，Go Corporation 公司推出一款專用於平板電腦的作業系統，命名為 PenPoint OS；IBM 公司推出的 ThinkPad 系列原始型號也都是平板電腦。

但這些早先的平板電腦都失敗了，因為手寫系統的辨識率完全不符合用戶需求，價格非常高昂 (5000 美元以上)，而且重量太重 (超過三公斤)。

微軟公司從 2002 年起推出 Windows XP Tablet PC Edition 並大力推廣，平板電腦才漸漸為大眾接受，將主要用戶擴展到學生族群及各種專業人員。具備 Windows XP Tablet PC 作業系統的平板電腦都以觸控筆做為輸入設備，有些軟體是專為平板電腦設計的，不能運行在其他設備上。

GridPad

Windows XP Tablet PC

2010 年 1 月 27 日蘋果公司發布了舉世矚目的 iPad，並使用蘋果公司自己研發的作業系統 iOS，將平板電腦推到最高峰，現在 iPad 儼然成為平板電腦的代名詞，也為蘋果公司帶來巨大財富。

2011 年 Google 推出 Android 3.0 蜂巢 (Honey Comb) 作業系統，是專門為平板電腦設計；跟著又在 2011 年 11 月釋出 Android 4.0 冰淇淋三明治 (Icecream Sandwich) 版本，可用於手機及平板電腦，目前 Android 系統成為 iOS 最強勁的競爭對手。

iPad

Android 平板電腦

## 11.2 行動裝置的特性

行動裝置風潮能夠襲捲全球，人手一台，其因具有觸控、GPS 定位、拍照錄影、語音辨識...等特性，這節便針對這些特性一一說明。

### 11.2.1 觸控螢幕

觸控螢幕通常是在液晶面板上覆蓋一層壓力板，其對壓力有高敏感度，當物體施壓於其上時就會有電流訊號產生以定出壓力源位置，可以代替按鈕操作，是行動裝置操控的一大進步。電容式觸控螢幕讓使用手指操控螢幕變得相當容易且準確，多點觸控技術的發展更讓觸控螢幕如虎添翼，可輕易縮放觸控螢幕。

與各種網路服務結合：目前公共網路的建置已遍及所有地區，行動裝置結合網路後功力瞬間增加數百倍，幾乎無所不能。例如：結合 QR 碼，不只可用行動裝置購買高鐵車票，也可將車票以 QR 碼傳送到行動裝置，直接在高鐵站入口掃描行動裝置上的 QR 碼來取代傳統實體車票，既方便又環保。

觸控螢幕

QR 碼車票

### 11.2.2 行動通訊

在行動裝置中最基本也最廣泛的應用，就是行動通訊。因為無線傳輸技術的普及，讓智慧型手機和平板電腦應用於日常生活、工作場所的現象已經成為不可忽略的趨勢。在所有行動裝置的應用上，行動通訊提供了資料即時更新，訊息即時交換的來源，我們將它應用在生活上多個層面，例如：語音電話、影音簡訊、資料查詢、APP 結合、雲端運算...等，都讓現代人的生活越來越離不開行動裝置。

## 11.2.3　GPS 定位應用

越來越多人對於旅遊品質的要求，針對旅遊資訊的正確性、豐富性以及易讀性是旅遊品質優劣的關鍵因素之一；此外，經濟的快速成長與商業活動遽增，需到外地出差的機會亦倍數成長，如何能快速正確抵達指定地點，亦成為高度需求。基於上述需求，GPS 充分發揮了導航功能，亦發展了各式各樣的相關機器與運作模式，其中最應用層面最廣的即是行動裝置上的 GPS 定位應用。無論結合照像攝影功能，或是利用 App 來定位打卡，甚至結合軟體尋找好友位置，讓 GPS 的應用可以說是走出另一片天空！

GPS 在行動裝置上的應用

## 11.2.4　拍照與錄影

行動裝置一般都會配置相機鏡頭，因為它輕巧易攜帶，目前已經大量取代一般的數位相機，成為許多人記錄生活、工作的隨身工具。在行動裝置上使用相機鏡頭，結合軟體的輔助，不僅可以拍攝相片，甚至可以錄影錄音。而且隨著科技的進步，目前行動裝置上的攝影功能，都漸漸直逼專業器材，而且應用層面更廣。

行動裝置拍照與錄影功能十分吸引人

## 11.2.5 感測器應用

感應器就是專門感應外界事物變化,並將其變化轉為數值的一種接收器。在行動裝置上配置了多種不同的應測器,可以依據感測的狀況來作適當的回應。常見的有加速度感應器、陀螺儀感應器、光線感應器...等,程式設計師可以利用這些感測器開發出更多可以結合實用與創意的軟體,也拓廣行裝置的應用。

## 11.2.6 語音辨識

人類主要的溝通方式是說話,如果行動裝置輸入方式也能使用語音,這樣一來即更為方便與符合需求。語音辨識技術已經存在近二十年,直到最近才因為雲端運算的興起而有所突破,藉由雲端運算,好像背後有一群人在做同步口譯,使得語音辨識率大為提高,目前大部分智慧型手機都有簡易語音輸入功能。例如:打電話時 "說"出姓名就會撥打該用戶的電話。

## 11.2.7 影像、指紋辨識

透過影像感測器來進行影像捕捉的電腦視覺技術已發展多年,現在因運算速度大幅增加,影像感測解析度的提高,使影像辨識的正確性已達可接受的程度。較新的 Android 機型即有搭載 "臉部辨識解鎖" 功能,就是以影像辨識功能來達成。

而 iPhone 5s 機型開始即有了指紋辨識功能,指紋辨識感應器 Touch ID ,整合在 Home 鍵中,大小為 8x8 毫米,厚度 170 微米,以 500 ppi 的解析度,讀取指紋的極細部特徵。它採用電容式觸控技術進行分析,當使用者把手指放到感應器時,會擷取表皮層之下真皮層的高解析度指紋影像,辨識出指紋的細部特徵,來進行比對。

語音辨識

指紋辨識解鎖

# 11.3 常見的行動裝置系統

目前行動裝置主要為 Android 與 iOS 二大系統,這節除了帶領您簡單認識外,還提供相關優勢參考。

目前在智慧型手機上執行的作業系統,主要有 Google 公司的 Android、Apple 公司的 iOS、微軟公司的 Windows Mobile...等。但是以占有率來說,目前可以說是 Android 與 iOS 二大系統的戰爭。以下將針對這二個行動裝置系統進行詳細的說明與分析。

## 11.3.1 Android:Google 的行動裝置系統

Android 挾著 Google 公司的龐大資源,免費的推廣策略,快速的版本更新,目前已是使用者最多的行動裝置作業系統。

### 關於 Android

Android 的原意為 "機器人",Google 將 Android 的代表圖騰設為綠色機器人,不但表達字面意義,且表示 Android 系統符合環保概念,是一個輕薄短小、功能強大的行動系統,號稱是第一個真正為行動手機打造的開放且完整軟體。

Android 官方網站 (www.android.com) 及專頁 (plus.google.com/+android/)

對硬體製造商來說，Android 是開放的平台，只要廠商具有足夠能力，可以在 Android 系統中任意加入自行開發的特殊功能，如此就不必受限於作業系統。同時 Android 是免費的平台，如果製造商採用 Android 系統，就不必每出貨一台手機，就要繳一份權利金給系統商，可大幅節省成本，也不必擔心系統商調高手機系統使用費用。

對於應用程式開發者而言，Android 提供完善的開發環境，支援各種先進的繪圖、網路、相機等處理能力，方便開發者撰寫應用軟體。市面上手機的型號及規格繁多，Android 開發的程式可相容於不同規格的行動裝置，不需開發者費心。最有利的是 Google 建立了 Android 市集 (Google Play)，讓開發者可將自己的心血結晶公諸於世，同時也是一個很好的獲利管道。

Android 市集：Google Play (play.google.com)

對行動裝置使用者來說，Android 是一個功能廣泛的作業系統，體積雖小卻五臟俱全。使用者申請一個 Google 帳號 (大部分使用者原本就有) 之後，當使用者更換手機時，即使是不同廠牌的手機，只要其是使用 Android 系統，就可將原手機的各種資訊例如：聯絡人、電子郵件...等無縫轉移到新手機中。

## Android 歷史

Android 系統最早是由一個小型創業公司開發，後來該公司被 Google 併購。2007 年 11 月，Google 聯合三星、宏達電、摩托羅拉...等 33 家手機製造商、手機晶片廠商、軟硬體供應商及多家電信業者共同組成開放手持裝置聯盟 (OHA)，發佈開放手機軟硬體平台，命名為 Android。

這些參與的業者承諾會以 Android 平台，來開發新的手機業務。稍後 Google 公佈 Android 軟體開發工具 (SDK) 的相關文件，及作業系統、驅動程式的原始碼，表現了 Google 要將 Android 平台變成人人可以自由修改，以製作出完全符合自己需求系統的決心。

2008 年是 Android 快速發展的年度，每隔幾天就有新的版本及新的功能公佈。Google 公司在發佈 Android 軟體開發工具的同時，舉辦了總獎金高達一千萬美元的 Android 開發者大獎賽 (Android Developers Contest, ADC) ，鼓勵程式設計者研究 Android 系統，撰寫高度創意、實用的手機應用軟體。到 2008 年 12 月時，華碩、新力、GARMIN...等廠商也加入開放手持裝置聯盟，幾乎世界上的大手機廠商都加入使用 Android 的行列。

2009 年 4 月，Google 提出 Android SDK 1.5 版及 Android 開發工具 ADT 0.9 版，新增支援多國語系、軟體鍵盤、多種輸入法等...功能，而且多國語系只需在指定資料夾中建立該語言檔案即可，製作非常方便，讓 Android 系統正式國際化。

**Android** 初期的手機與使用者界面

2009 年 6 月，宏達電 (HTC) 生產的英雄機 (Hero) 使用自行訂製的 "Sense UI" 介面，開啟了 Android 手機的新紀元。這種自訂風格的使用者介面，為 Android 系統創造了不同的風情，和更好的使用者經驗，並且擺脫 Android 千篇一律的外貌，讓各家廠商擁有自己的特色，也為產品樹立特有的風格。接著各家廠商紛紛推出自行研發的使用者介面，例如：Motorola 公司的 MotoBlur UI，Sony Ericsson 公司的 Rachael UI...等。

HTC 的 Sense UI　　　　Sony Ericsson 的 Rachael UI

Google 持續加強 Android 系統的功能，例如：Android 2.0 開放藍芽、多點觸控...等，尤其是加入導航功能的影響極大，因為其結合 Google 地圖、語音辨識等特性，性能甚至超越專業導航軟體，推出之後造成全球數家導航軟體廠商股價大跌。

2011 年 1 月公佈的 Android 3.0 是適合平板電腦使用的作業系統，加入了特別為平板電腦設計的程式模組，宣告 Android 系統正式踏入平板電腦領域。

2011 年 10 月更發佈 Android 4.0，不但新增許多超炫功能，而且適用手機及平板電腦，預期會激起一波 Android 手機的高潮。

2012 年 6 月 28 日，Google 推出最新的版本：4.1，開發代號為 Jelly Bean (雷根糖)，同年 10 月 30 日再更新到：4.2，不僅更新了使用者介面，更支持多重使用者帳戶的登入。2013 年 7 月 24 日，4.3 與 Nexus 7 平板二代同步發表，同年 10 月改進系統效能和穩定性。

2013 年 9 月 3 日，Google 推出最新的版本：4.4，開發代號為 KitKat (奇巧)，此版本封鎖了 Flash Player，之後又於 2013 年 12 月與 2014 年 6 月各有二次的更新。

之後 2014 年底與 2015 年初，Google 又陸續推出最新的版本：5.0、5.1，開發代號為 Lollipop (棒棒糖)。2015 年 10 月 Google 則是發佈最新版本：Android 6.0，開發代號為 Marshmallow (棉花糖)。而目前 (2016 年 3 月) Google 發佈 Android N 的開發者預覽版本並開放下載，開發代號為 Nougat (牛軋糖)。

# Android 優勢

Android 系統為何能在短短三四年間席捲全球？因其具備許多優勢：

1. **開放原始碼**：Google 公司公佈 Android 系統的核心原始碼，並且提供 SDK 讓程式設計者可以透過標準 API 存取核心功能，撰寫各式應用軟體，再使用 Google Play 市集機制快速將軟體傳佈於全世界。如果認為 Android 的功能不足或界面不夠美觀，也可自行修改以符合自己的需求。

2. **多工作業**：Android 系統可同時執行多個應用程式，是完整的多工環境。Android 同時具備獨特的 "通知" 機制，應用程式在背景執行，必要時可以產生通知來引起使用者注意。例如：開車使用導航裝置時，如果有電話進來鈴聲會響起，可以接聽電話，同時導航系統仍在運行。

3. **虛擬鍵盤**：Android 從 1.5 版開始同時支援實體鍵盤及虛擬鍵盤，可以滿足不同使用者在不同場合的需求。虛擬鍵盤可在任何要輸入文字的應用程式中使用，包括電子郵件、瀏覽器、文書處理...等。目前許多智慧型手機已沒有實體鍵盤，完全以虛擬鍵盤方式輸入。

4. **超強網路功能**：Android 使用以 Webkit 為核心的 WebView 元件，應用程式想內嵌 HTML、JavaScript...等進階網頁功能，都可輕易達成。Android 內建的瀏覽器也是以 Webkit 為核心，能加快顯示速度，尤其在包含大量 JavaScript 指令及複雜的網頁應用時，更可以體驗其絕佳性能。

虛擬鍵盤

手機瀏覽器

## 11.3.2　iOS：Apple 的行動裝置系統

iOS 是靠 Apple 藝術等級的工藝產品，人性優化的使用者介面，應用於 Apple 的行動裝置：iPhone、iPad 與 Apple TV...等設備，是許多人十分喜愛的系統。

### 關於 iOS

iOS 是由 Apple 公司開發的作業系統，最初是設計給 iPhone 使用，後來陸續套用到 iPod touch、iPad 以及 Apple TV 產品上。原本這個系統命名為 "iPhone OS"，直到 2010 年 6 月 7 日 WWDC 大會上才宣布改名為 "iOS"。

**2010 WWDC 賈伯斯宣佈 Apple 行動裝置系統命名為 "iOS"**

iOS 最引以為傲的就是使用者介面的設計，其中包含了幾個目前被所有行動裝置廣泛使用的概念，例如：使用多點觸控直接操作，進行滑動、輕按、擠壓及反向擠壓來控制應用程式與畫面。這樣一來應用程式即不需要太複雜的設備按鍵，所以 iPhone、iPad 都只有一個 Home 按鍵與電源按鍵。

使用 **iOS** 設備的行動裝置在操作上突破傳統

在應用程式的控制上也很簡單，畫面底部是 dock，上方會有幾個使用者最經常使用的程式的圖標被固定在其上。畫面最上方有一個狀態欄能顯示一些有關資訊，例如：時間、電池電量和訊號強度...等。畫面中間用於顯示當前的應用程式。啟動應用程式只要點擊該程式的圖示，結束程式則是按下螢幕下方的 Home 鍵。

這個使用方式影響了長久以來人們習慣用滑鼠、鍵盤來控制電腦的做法，真正實現了用一支手也能完全掌控业進行複雜動作的理想！

## iOS 的優勢

iOS 會如此受到歡迎，除了 Apple 產品的加持之外，系統本身的魅力更是無法擋：

1. **優雅直覺的介面**：iOS 致力於改善使用者介面的易用性，Apple 希望使用者第一次拿起 iPhone、iPad 與 iPod touch...等 iOS 的設備，就知道怎麼使用它們。配合革命性的多點觸控介面、簡潔美觀的主畫面螢幕，讓所有的人都能即刻上手。

2. **硬體和軟體互為表裡的完美搭配**：由於 Apple 同時在打造硬體和 iOS 作業系統，樣樣都是為了相互整合運作而設計。因此各種 APP 可充分利用硬體優勢，除了顯示、多點觸控介面、加速傳感器、三軸向陀螺儀、加速的繪圖效能...等。

iOS 致力於硬體和軟體的完美搭配

3. **利用雲端整合所有的裝置**：Apple 善用自行開發的雲端服務 iCloud，除了能存放音樂、照片、App 以及郵件、聯絡資訊、行事曆、文件與更多內容，它還能進一步的以無線方式將它們推送到所有相關裝置之中，實現了異地同步的效果。

iCloud 能整合同步所有 iOS 設備

4. **系統輕鬆升級**：為了讓硬體的效能可以不斷進步，iOS 作業系統無時無刻都在更新自己的內容，並不定時推出更新，而且完全免費！所以每當 iOS 在新版本推出之際，所有安裝舊系統的設備會自動通知更新訊息，使用者即可以無線方式下載完成升級，讓您的設備保持在最新的狀態。

iOS 系統升級完全免費

5. **世界通用**：iOS 的作業系統為了能世界通用，除了內建多國語言的使用介面，還能讓使用者選擇超過 50 種不同的鍵盤呈現，同時支援各語言的專屬功能。除此之外，內建的字典還支援超過 50 種語言、VoiceOver 並能以超過 35 種語言報讀螢幕內容，以及聽得懂 20 多種語言的 "語音控制"。

# 11.4 App 的應用

App 的應用範圍，從娛樂、生產力、教育、旅遊到自我管理...等，通通都有其相對應的服務，透過與使用者的連結，讓 App 著實深入到每個人的生活。

國際研究暨顧問機構 Gartner 表示，至 2017 年行動 App 下載量將突破 2,680 億次，這個市場的需求之大，不僅創造了可觀營收，更結合生活和工作，讓 App 成為全球使用者最歡迎的運算工具之一。

## 11.4.1 App 的時代來臨

1995 年的瀏覽器大戰，也普及了網頁的使用，並很快的深入我們的生活。雖然歷經網路的泡沫化，但這些打擊並沒有將網路帶離我們的生活。相反的，網路的影響似乎像不可阻擋的浪潮一般，侵入生活裡的每個細節當中。

### 無線網路與行動通訊的普及

在過去，大家都習慣在電腦前使用網路，有舒服的螢幕搭配滑鼠鍵盤，但是因為網路線的牽絆，讓大部份的人仍然必須在固定的地點進行使用。隨著無線網路 Wifi 的進步，行動通訊的普及，網路的汲取並不再需要靠著實體的線路，從此網路的普及就如洪水猛獸一般，在生活的週遭無限漫延。

因為 **Wifi** 與行動通訊的技術普及，各家電信業者不斷推出新的網路服務

於是輕巧的平板電腦、智慧型手機，將我們帶離了桌面，網路隨著這些行動裝置改變了我們的生活方式。所有的資訊溝通，都不再需要等待，即時的交流與互動，能隨時隨地進行！

## App 的崛起

網路普及到無所不在，造就了 App 流行的風潮應運而生。不論是一般人或是科技重度使用者，對於應用程式的使用時間與習慣，已經漸漸從桌面應用程式，轉變成智慧型手機上的 App。

App 程式的應用層面很廣，因為它能配合行動裝置上的攝影機、麥克風、感應器，再結合無線網路，就能開發出讓人意想不到的互動。無論是通訊、攝影、導航、書籍，甚至是遊戲，App 能夠在這樣的方寸之間開發出無限潛能，也讓人愛不釋手。

在目前的 App 應用程式市場上，程式幾乎都是免費的，縱使付費也是過去電腦軟體的 1/10 價格甚至更少。讓每個使用者容易入手、真正好用、便宜購買。除了智慧型手機、平板電腦之外，有越來越多的設備，例如：電視、桌機、筆記型電腦、瀏覽器、印表機...等您想都想不到的設備，都可能加入 App 的世界，這樣的趨勢，怎麼能阻擋得了呢？

## 11.4.2  Google Play：Android 的 App 商店

如果對於 Android 的 App 應用程式有興趣，您一定不能錯過 Google Play。為了要讓使用者 Android App 的開發者有一個平台可以銷售、推廣自己開發的 App，也為了讓使用者能夠尋找、購買、下載適合自己的 App 程式，Google 開創了一個園地來做為 App 的交流園地：Google Play。

Android 市集：Google Play (play.google.com)

Google Play 前身名為 Android Market，是一個 Google 為 Android 裝置開發的線上應用程式商店。只要使用的是 Android 的行動裝置，即會發現一個名為 "Play Store" 的應用程式會預載在系統中，可以讓使用者去瀏覽、下載及購買在 Google Play 上的第三方應用程式。而 Google Play 網站則是負責提供應用程式的詳細資料，並且依應用程式的特性進行分類，或是做些特殊的標示，例如："熱門免費下載"、"熱門付費下載"和 "最賣座項目"...等。

**Google Play** 會依照特性為應用程式分類、標示

在 Google Play 中不僅可以下載 APP 應用程式，也能購買電子書、電影與音樂，無論何種服務都有分為免費與付費二種方式。

一般來說，使用者可以利用許多不同的付款方式，在 Google Play 上購買相關的服務。然而 2011 年，在台灣，因為台北市政府法規會要求提供七天鑑賞期，Google 拒絕配合，因此關閉對台灣地區的付費下載服務，至 2013 年已重新開放的 Google Play付費 App 商店，至於消費者若購買 App 不滿意、想退款該怎麼辦？Google 目前還是僅提供十五分鐘時間試用，台灣 Google 人員表示，試用後，若還有不滿意，還是可向 App 原開發者要求退費，若未能達成退費協議，甚至可向 Google回報問題。

**point**

2012年3月7日，Google 將 Android Market 服務與 Google Music、Google 圖書、Google Play Movie 進行整合，並將其更名為 Google Play。

### 11.4.3 App Store：iOS 的 App 商店

嚴格來說，App 的風潮是由 iOS 的 App Store 開始延燒的。由 iOS 發想之初，就將軟體的影響放在所有理念之上，Apple 致力打造全世界最大的行動 App 平台。在 App Store 中擁有成千上萬的 App，幾乎涵蓋所有類型。

Apple 很早就意識到 App 可能會帶來的革命，所以在開發 iOS 之初，就同時為協力開發人員提供豐富的工具集和 API，以設計出可充份利用每部 iOS 裝置內建技術的 App 和遊戲。這也是 App Store 的應用程式能在很短的時間內生產出可觀的數量，而且都充滿魅力與創意的原因！

**iOS APP 集散地：App Store**

App Store 的 App 並不能在網站上下載，只要您擁有一組 Apple ID，就能使用電腦的 iTunes 程式，或是安裝 iOS 系統的行動裝置中輕鬆存取、搜尋、購買並管理需要的 App 程式。

在 Apple WWDC 2016 年度發表會中，Apple 執行長：庫克 (Tim Cook)，宣布目前已經有 200 萬個應用程式在 AppStore 裡，下載次數達到 1300 億次，最可觀的是目前 Apple 已經向所有開發者支付超過 500 億美金。這說明了 App 的開發已經形成一個新的營運模式，不僅為使用者帶來應用的方便，也為開發者的付出帶來財富與希望。

## 延 伸 練 習

問答題

1. 請列出行動裝置由早期發展到目前所沿革出來的產品有哪些？

2. 請簡述說明何謂平板電腦。

3. 請列舉五項行動裝置的特性。

4. 請列舉 Android 系統四項優勢。

5. 請列舉 iOS 系統五項優勢。

6. 請簡述說明何謂 Google Play 及 App Store。

# 12

# 雲端服務
# 新生活

# 12.1 認識雲端服務

近幾年科技界中最重要的一個關鍵字，就是 "雲"。生活中，當我們使用電腦、網路、手機、平板...等科技裝置時，無論是應用軟體或是 Apps，似乎無時無刻不與 "雲" 關聯在一起。

## 雲端運算的概念

雲端運算 (Cloud Computing) 不算是一個全新的網路技術，反倒是這一波網路革命的全新發展與轉型。一般人會認為雲端的應用，就是將儲存於本機的資料放置到網路上，而這個 "儲存" 應用，不僅在所有雲端應用中最容易被達成，也最廣泛被利用，但其實它在 "Computing" 上還有很重要的應用！過去我們必須利用許多本機的資源進行運算處理的工作，可能還能夠靠時間的成本來完成。一旦遇到的是更大量的工作，單獨依靠一台機器可能就會力不從心了。如果能藉由雲端的導引，分散在不同的機器，甚至是多台機器進行分工運算，那所得到的效率就不是單機能夠完成的！這是雲端運算能夠充份發揮特性的重點！

換句話說所謂的 "雲端"，就是利用網路 "雲"，將使用者 "端" 的命令或指令，傳輸到服務供應商，完成事情後再傳輸結果回來。雖然看不到實體，不過所有的資源都來自於雲端，並且可以在數秒之內處理龐大資訊，而使用者端卻只需要能夠連上雲端的設備即可。

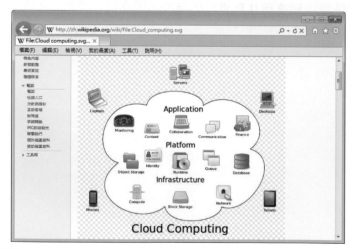

資料來源：維基百科 雲端運算概觀 (http://zh.wikipedia.org/wiki/File:Cloud_computing.svg)

## 雲端運算的應用

雲端運算的應用，其實早在之前大家就陸續接觸了。像最常見 Yahoo！奇摩電子信箱或 Gmail、Flickr 或無名小站相片分享平台、Youtube 影音分享、Google Map 網路地圖...等都已具備雲端運算的雛形。

只要您的身邊有任何一台可以上網的電腦或手機，一組帳號及密碼，儘管您身處外地，透過瀏覽器，您還是可以收發電子郵件、跟主管進行線上會議、隨時上傳想要分享給朋友的相片或影片、甚至在網路上直接編輯或儲存文件。工作場所不用被限制，也不必隨身攜帶筆電或文件，因為所有的資料早已傳到雲端上，讓您可以隨時隨地進行取用。

除了日常生活上的運用外，雲端運算所提供的強大運算能力，著實在科學、生物學...等範圍上也都能普遍被應用。

## 雲端運算的優勢

● **最安全的資料儲存中心**：雲端運算是一處不用擔心資料遺失、損壞或病毒入侵的資料儲存中心，藉由專業人員的管理及權限控管，讓您可以放心存取。

● **不用擔心軟體是否最新，減少系統安裝成本**：雲端服務公司隨時掌握電腦硬體的使用狀況及軟體版本，把這些原本繁雜的工作交由專人處理，讓您的資訊不會因為軟體升級的狀況，而影響了與親朋好友分享的動作。

● **在不同設備輕鬆達到共享資料的目的**：原來只在電腦上的電子郵件地址、文件，或是手機上的聯絡電話，透過雲端運算的特性，將資料存放在雲端伺服上，不管任何設備，只要連上網路，就可以輕鬆存取與編輯，還可以透過授權達到分享的目的。

● **硬體設備要求低，地點不受限**：只要上網裝置正常，網路順暢，不管使用哪一種硬體，在哪裡上網，都可以快速且直接感受到雲端運算的帶來的便利性。

## 12.2 Gmail：雲端訊息中心

Google 推出的電子郵件服務：Gmail，不但提供免費的儲存空間，更可以協助您將電子郵件整理得有條不紊，無論使用何種裝置，都能輕鬆使用。

## 12.2.1 使用 Gmail 電子郵件

Google 旗下的電子郵件服務 Gmail，提供操作簡易及包含超大容量的免費空間，並可以在任何一台上網的電腦、手機、平板上使用。

**01** 開啟 Chrome 瀏覽器連結至 Google 首頁 (https://www.google.com.tw)，確認已登入 Google 帳號後選按 ⊞ **Google 應用程式** 中的 **Gmail**。(若找不到可按 **更多**)

**02** 進入 Gmail 後會出現如下畫面，即可著手進行郵件收發的相關動作。(如果是第一次使用，則會出現 **歡迎使用** 畫面，可以按 **繼續** 鈕，藉由新手導覽快速熟悉各項功能與操作方式。)

# 12.2.2 寫信、收信與回信

登入 Gmail 後，就可透過 Gmail 進行寄信、收信與回信的動作，隨時隨地收發重要信件，不再是件困難事！

## 寫封信給朋友並進行傳送

接下來就透過 Gmail 寄信！為了測試信件是否可正常收發，先來寄封測試信給自己！

**01** 於 Gmail 畫面左側按 **撰寫** 鈕，開啟 **新郵件** 視窗。

**02** 輸入收件者的電子郵件帳號、主旨及信件內容後，按 **傳送** 鈕。

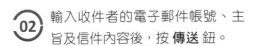
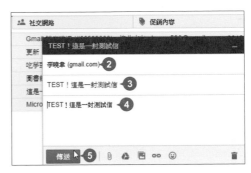

## 閱讀收到的電子郵件

除了寫信與寄信，當收到別人的電子郵件時，如何閱讀？以下就開啟先前寄送給自己的測試信。

**01** **收件匣** 除了顯示未讀取的電子郵件數量，郵件清單中尚未讀取的電子郵件字體也會呈現粗黑狀。選按信件的主旨文字，即可閱讀詳細內容。

**02** 瀏覽結束後可以選按 返回收件匣 鈕回到 **收件匣** 郵件清單。

# 回信或轉寄電子郵件

收到的電子郵件，可於瀏覽過後，直接回覆對方或是轉寄給其他人。

**01** 想要回信給對方時，只要在開啟的郵件瀏覽畫面中選按 ⬰ **回覆** 鈕，直接輸入回覆內容後，按 **傳送** 鈕即可。

**02** 如果想要轉寄給其他人，可以在開啟的郵件瀏覽畫面中，選按 ▾ **更多** 清單鈕 \ **轉寄**，輸入收件者的電子郵件帳號後，按 **傳送** 鈕完成轉寄動作。

point

## 放棄回覆或轉寄的草稿

在進行回覆或轉寄的過程中，如果想取消正在撰寫的信件，可以在下方選按 🗑 **捨棄草稿** 鈕。

# 12.2.3 刪除與管理電子郵件

看過的電子郵件如果不想保留，可以透過 **刪除** 清除不需要的電子郵件，避免佔用收件匣的空間。

## 刪除單一電子郵件

在開啟的郵件瀏覽畫面中，選按上方 ☑▾ **刪除** 鈕，即可刪除該封電子郵件。

## 一次刪除多封或所有電子郵件

如果覺得一封封刪除電子郵件很麻煩，可以透過以下方式，一次選取多封或是所有不需要的電子郵件，進行刪除。

**01** 在郵件清單中核選多封要刪除的電子郵件後，選按 ▣ **刪除** 鈕，可以刪除多封選取的電子郵件。

**02** 想要一次選取並刪除全部的電子郵件時，可以選按 ☑▾ **選取** 鈕 \ **全選**，這時會選取此畫面中的所有郵件，預設一個畫面中可呈現最多 50 封郵件。再選按 ▣ **刪除** 鈕，即可刪除所有選取的郵件。

(畫面上方會出現："已選取這個頁面上全部 50 個會話群組。選取「 *** 」中全部 **個會話群組。"，如果想要一次刪除所有郵件，而不是僅刪除目前畫面上的 50 封郵件時，請選按 "選取「 *** 」中全部 **個會話群組" 連結選取所有郵件，再進行刪除即可。)

# 刪錯了？！復原已刪除的電子郵件

一不小心刪錯電子郵件怎麼辦？不要慌！Gmail 可以透過以下方式回復刪除的郵件。

**01** 刪除電子郵件後，會於上方立即出現黃底黑字的通知訊息，如果當下發現刪錯了信件時，選按 **復原** 即可將刪除的信件，重新置放於 **收件匣** 中。

**02** 如果錯過了黃底黑字的通知訊息，可選按 Gmail 畫面左側 **更多**，於展開的清單中選按 **垃圾桶**。

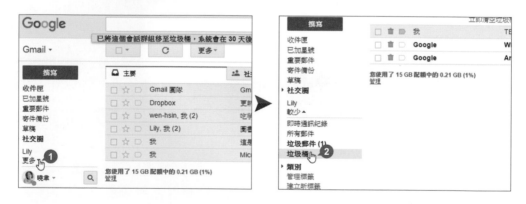

**03** 剛才刪除的電子郵件會暫存於此，保留 30 天後 Gmail 會自動清除。這時可以核選要復原的一封或多封電子郵件後，選按 🗂 **移至** 鈕 \ **收件匣** 即可還原。

# 信箱容量爆滿？永久刪除電子郵件

**垃圾桶** 中存放的郵件，雖然 Gmail 會於 30 天後進行永久刪除的動作，但若信箱已爆滿，手動刪除還是最即時有效率的方法。

**01** **垃圾桶** 中可以核選個別電子郵件，選按 **永久刪除** 鈕，即可永久刪除該郵件。

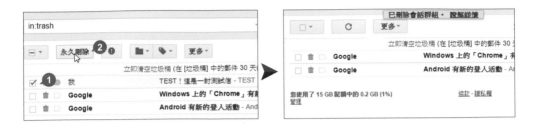

**02** 或直接選按 **立即清空垃圾桶**，在提示對話方塊中按 **確定** 鈕，確認刪除的郵件後，即可永久刪除 **垃圾桶** 中的所有郵件。

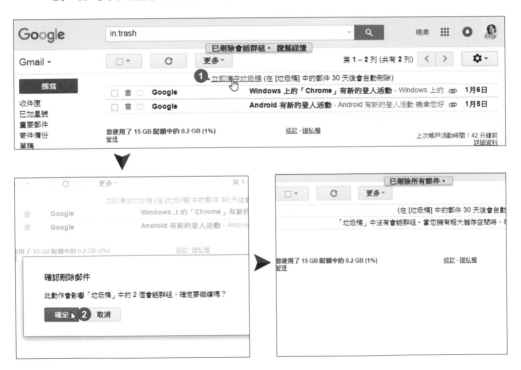

# 12.2.4 信件中夾帶檔案

電子郵件除了可以輸入文字之外，還可以插入相片、文件或音樂...等檔案，以附加檔案的方式進行傳送。

## 電子郵件中附加檔案

**01** 開啟新郵件，輸入收件者帳號、主旨及內容後，選按下方 附加檔案 鈕，於 **開啟** 對話方塊中選取需要附加的檔案，按 **開啟** 鈕。

**02** 選按下方 附加檔案 鈕可以繼續加入其他檔案，檔案會一一上傳，如果按檔案項目右側 ⊠ 鈕則是取消檔案的附加，最後再按 **傳送** 鈕將此包含附加檔案的郵件寄送出去。

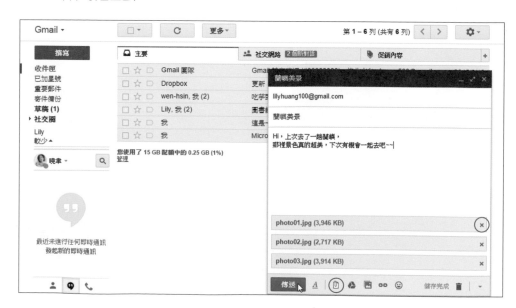

## 電子郵件中附加 Google 相簿的相片

電子郵件的附檔除了可以插入本機內的檔案，就連備份在雲端上的Google 相簿，不管單張或多張的相片都能直接插入。

**01** 開啟新郵件，輸入收件者帳號、主旨及內容後，選按下方 🖼 **插入相片** 鈕開啟對話方塊。

**02** **相片** 項目中可以看到 Google 相簿內的所有相片，並透過選按 (呈 ✓ 狀) 選取單張 / 多張相片，另外還提供 **相簿** 或本機 **上傳** 的相片來源；最後選擇以 **內嵌** 或 **電子郵件附件傳送** 方式插入相片後，按 **插入** 鈕，再按 **傳送** 鈕即可將此包含相片的郵件寄送出去。

---

point

**透過 Google 相簿插入行動裝置內的相片**

只要將行動裝置中的相片備份到 Google 相簿，待於電腦上欲寄送郵件時，即可隨時插入行動裝置內的相片。

# Gmail 支援 10GB 超大附加檔案

一般傳統電子郵件附加檔案大小最多只能到 25MB，不過和 Google 雲端硬碟整合後，利用 Gmail 寄送 10GB 以內大小的附加檔案都不成問題哦。

**01** 開啟新郵件，輸入收件者帳號、主旨及內容後，選按下方 △ **使用雲端硬碟插入檔案** 鈕。

**02** 一開始會出現 **使用 Google 雲端硬碟插入檔案** 畫面，可選擇已儲存於雲端硬碟中的檔案，或上傳在本機電腦中的檔案，在此選擇後者，所以在 **上傳** 項目中按 **從您的電腦中選取檔案** 鈕，於 **開啟** 對話方塊中選取要附加的檔案，按 **開啟** 鈕。

**03** 若選擇的是目前在本機中的檔案，按 **上傳** 鈕時，會將選取的檔案先傳送到雲端硬碟中。

**04** 上傳完成後就會在郵件內容下方產生下載連結，最後按 **傳送** 鈕將此包含附加大檔案的郵件寄送出去。

PART 12 \ 雲端服務新生活

---

point

### 貼心提醒附加檔案超過上限

如果沒有仔細檢查檔案大小，就選按 🔗 **附加檔案** 鈕並選取檔案後，會出現如右的警告訊息提醒您附件大小超過 25 MB 上限，不過請放心，您仍可以選擇使用 Google 雲端硬碟傳送檔案。

> **大型檔案必須透過 Google 雲端硬碟分享**
>
> 系統會自動將大小超過 25MB 的附件上傳到 Google 雲端硬碟，然後在您的電子郵件中加入下載連結。
>
> [ 好，我知道了 ]  [ 取消 ]

# 瀏覽並下載電子郵件中的附加檔案

收到對方寄送的電子郵件，內含附加檔案時，除了直接於線上預覽外，也可以下載至本機儲存或下載至雲端硬碟存放。

**01** 在 **收件匣** 中收到的電子郵件，如果主旨右側有顯示 📎 迴紋針圖示時，代表這封電子郵件另外附加了檔案。

**02** 在開啟的郵件瀏覽畫面中，會於內容下方顯示附件檔案縮圖。

**03** 選按縮圖即可以直接瀏覽檔案詳細內容；如果按 ⬇ 或 ⬆ 鈕則可以選擇下載至本機或儲存至雲端硬碟。

# 直接編輯 Gmail 中的 Office 附加檔案

電子郵件內含的附加檔案如果是 Office 文件時，不需要下載就可以直接開啟 Google Drive，在雲端上進行編輯，不受地域或軟體限制。

**01** 在開啟的郵件瀏覽畫面中，會於內容下方顯示 Office 附件檔案縮圖，將滑鼠指標移到附件縮圖上時按 ✎ 鈕。

**02** 這時 Gmail 會把 Office 檔案依屬性分別轉換成 Google 文件、試算表或簡報，直接進行線上編輯，不但可以省去下載時間，即使出門在外，也可以隨時在雲端上進行處理。

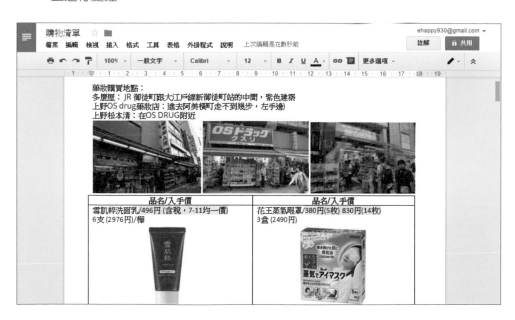

# 12.2.5 分類整理電子郵件

Gmail 中的電子郵件，可利用自動分類功能或建立標籤的方式，自動過濾到 **主要**、**社交網路** 或 **促銷內容**...等預設分頁，進行分類整理，讓尋找郵件時變得更有效率。

## 郵件自動分類整理更輕鬆

**01** 在 **收件匣** 中 Gmail 預設已經啟動自動分類功能，但如果沒有看到 **主要** 或 **社交網路**...等預設分頁，或是還想開啟其他分頁時，可以選按 設定 鈕\設定收件匣。

**02** 在 **選擇要啟用的分頁** 中，預設提供 **主要**、**社交網路**...等五個分頁，可以透過核選與否選擇要啟用或隱藏的分頁，還可以將加星號的郵件指定放在 **主要** 分頁，接著按 **儲存** 鈕完成設定。

# 利用標籤讓電子郵件分類更清楚

若覺得自動分類功能所提供的分頁不太夠，也可以透過手動方式建立需要的標籤，讓
郵件依指定條件加上標籤進行分類管理，以更符合自己需求。

**01** 選按 Gmail 畫面左側 **更多**，於展開的清單中選按 **建立新標籤**。

**02** 在 **新標籤** 中，輸入新的標籤名稱後，按 **建立** 鈕。

**03** 回到 **收件匣**，先核選要建立篩選條件的一或多封電子郵件後，選按 **更多 \ 篩選
這類的郵件** 準備建立篩選條件。

**04** 在 **篩選器** 中，**寄件者** 會自動填入對方的電子郵件，確認無誤後選按 **根據這個搜尋條件建立篩選器**。

**05** 接著核選 **套用標籤**，選按 **選擇標籤 \ 旅遊** (剛剛建立的新標籤)，再核選 **將篩選器同時套用到 \* 個相符的會話群組** 後，按 **建立篩選器** 鈕。

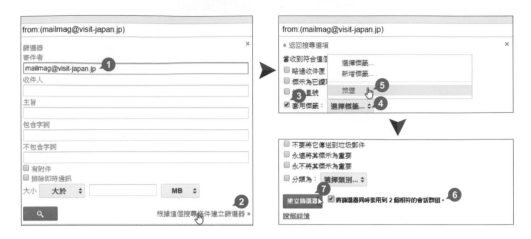

**06** 回到 **收件匣** 中，會發現之前核選的電子郵件，會標示 **旅遊** 文字 (剛剛建立的新標籤)，而左側會出現 **旅遊** 標籤，相關電子郵件都已歸納於此處。

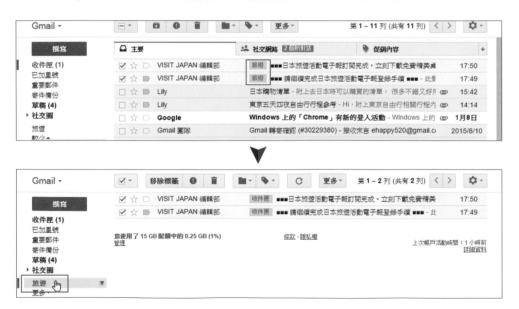

# 為標籤自訂顏色快速找到重要郵件

除了透過標籤輕鬆管理不同類型的郵件，如果想要在 **收件匣** 中一眼辨識出某個重要的標籤郵件，還可以透過顏色加強顯示，更快找到郵件。

**01** 在 Gmail 畫面左側欲設定顏色的標籤選按右側 ▼，於展開的清單中選按 **標籤顏色**，接著指定顏色。

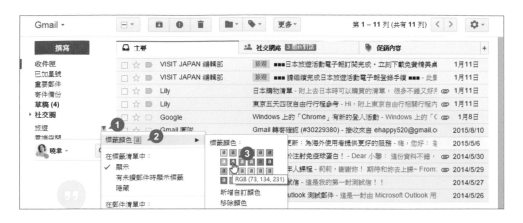

**01** 在 **收件匣** 的郵件清單中一眼就可以看到標籤顏色，輕鬆辨識出不同類別的郵件；另外左側的標籤也會以色塊表現。

**point**

**標籤顏色的更換、自訂與移除**

標籤的顏色，如果想要調整、自訂或是移除，可以再次選按左側欲設定標籤右側 ▼ \ **標籤顏色**，在清單中重新選擇顏色、**新增自訂顏色** 或 **移除顏色**。

## 12.2.6 在電子郵件結尾處自動附加簽名

電子郵件簽名可以是公司名稱、姓名、地址、手機...等資訊,以文字或圖片方式附加在信件後方,讓收到這封電子郵件的人能了解您的相關資訊。

**01** 在 Gmail 畫面中選按 ⚙ **設定** 鈕 \ 設定。

**02** 在 **設定** 畫面中,於 **一般設定 \ 簽名** 項目核選如圖標示處,輸入簽名資料並設定文字格式後;也可選取要加入連結的電子郵件或網址,按 🔗 **連結** 鈕進行設定。

**03** 加入連結的電子郵件或網址會呈現藍字底線,選按 **變更** 可編輯連結,選按 **移除** 可刪除連結,最後於畫面最下方按 **儲存變更** 鈕,之後在新增電子郵件時便會附加簽名資料。

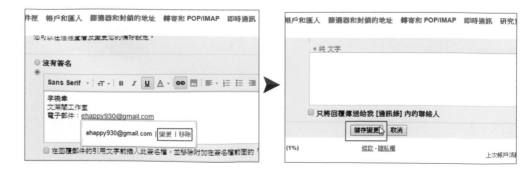

# 12.2.7 有新郵件時自動跳出桌面通知

現在透過 Gmail 內建的 **桌面通知** 功能，就可以在工作中隨時收到新郵件的通知訊息。

**01** 在 Gmail 畫面中選按 ⚙ 設定 鈕 \ 設定，於 **一般設定 \ 桌面通知** 項目核選 **啟用新郵件通知** 後，選按 **按這裡即可啟用 Gmail** 的桌面通知功能。

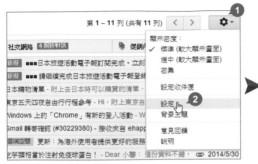 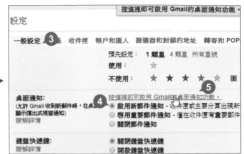

**02** 接著會於瀏覽器上方出現允許通知，按 **允許** 鈕後，回到 **設定** 畫面最下方，按 **儲存變更** 鈕。

**03** 下一次再登入 Google 帳戶並維持 Gmail 畫面開啟不關閉的狀態下，當收到新郵件時，就會於電腦桌面右下角出現通知訊息。

# 12.2.8 將親朋好友的電子郵件加入通訊錄

每次寄封信，還要輸入對方的電子郵件真是麻煩！您可以整理親朋好友的電子郵件，建立屬於自己的通訊錄。

**01** 在 Gmail 畫面左側，選按 **Gmail \ 通訊錄**，切換到相關畫面。

**02** 全新的通訊錄，操作與管理變得更加人性化，區塊方式呈現的介面，左側包含 **所有聯絡人、經常聯絡的人、設定、匯入、匯出**...等各式選項，當選按後會於右側進行顯示。接著於畫面右下角選按 **新增聯絡人** 圖示。

**03** 這時會切換到新增聯絡人的介面，輸入欲新增的聯絡人姓名後，按 **建立** 鈕。(輸入聯絡人姓名的過程中，下方清單會列出 Google+ 上相關的公開聯絡人資料，也可以直接按該名朋友個人項目右側 🔲 新增聯絡人。)

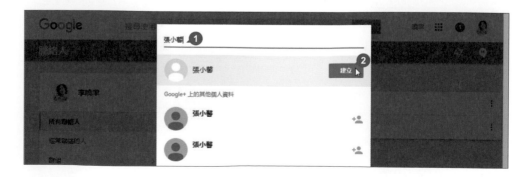

**04** 開啟 **編輯聯絡人** 介面，輸入電子郵件或其他基本資料後按 **儲存** 鈕即完成建立，接著按 ← 返回聯絡人主畫面。

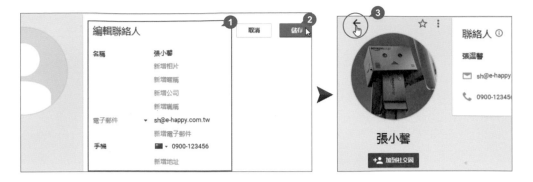

**05** 會發現剛剛建立的聯絡人資料已顯示於此處，如果想要編輯某一聯絡人資料，可將滑鼠指標移至該聯絡人項目再選按 🖉 **編輯** 開啟個人資料畫面進行修改；如果想要刪除聯絡人，則是可以選按 ⋮ **更多動作 \ 刪除**。

point

## 聯絡人上的各項相關操作

聯絡人主畫面上的聯絡人資訊，除了上面提到的編輯與刪除功能外，當您將滑鼠指標移到聯絡人項目上會呈現如下的其他功能，可進行相關操作，由左而右分別為：

選按 ☐ 可以選取該聯絡人；選按聯絡人姓名則會開啟該連絡人資訊；選按電子郵件則是傳送電子郵件給該聯絡人；選按電話則是會撥打電話；選按 ☆ 將聯絡人加入最愛；選按 ⊙ 將聯絡入歸類到預設或自行建立的社交圈。

## 12.3 Flickr：雲端網路相簿

Flickr 提供了免費或付費數位照片儲存、分享功能，是目前最多攝影部落客最愛使用的雲端相簿之一。

## 12.3.1 認識 Flickr

Flickr 是 Yahoo! 奇摩的服務項目之一，只要擁有 Yahoo! 奇摩的 Email 帳號，即可直接登入使用，或是透過註冊方式取得 Flickr 會員資格。

Flickr 是由 Ludicorp 公司開發設計，於 2004 年 2 月正式發表 Flickr 網站。早期 Flickr 稱之為 FlickrLive，是一個能即時交換照片的多人聊天室，原本是為了公司另一套線上遊戲而設計的聊天室，後來遊戲計畫被擱置，研發的工作便都集中在相片的上傳和歸檔上，而聊天室功能也漸漸被乎略，於是 Flickr 最終被獨立出來成為主力，直到 2005 年 3 月被 Yahoo! 奇摩收購。

目前新版的 Flickr 有 1 TB 的免費儲存空間，單一相片上傳限制提高到 200 MB，影片則是提高到 1 GB，播放長度增加到 3 分鐘，群組也從原本只能建立 16 組，擴充到 60 組，上傳限制大大放寬，讓使用者可以不受限的整理或分享相片 (或影片)。

## 12.3.2 註冊 Flickr

如果有 Yahoo! 奇摩帳號可以直接登入 Flickr 使用；如果沒有，也可以參考以下操作，直接註冊一組新帳號登入 Flicker。

**01** 請開啟瀏覽器後 (本練習使用 Google Chrome)，由「http://www.flickr.com」進入網站，選按右上角 **註冊** 鈕 (或選按中央 **使用 Yahoo帳號註冊** 鈕)。

**02** 先於 **註冊** 對話方塊輸入您的基本資料：姓名、電子信箱、密碼、手機號碼、生日、性別，按 **繼續** 鈕；接著於 **驗證電話號碼** 對話方塊確認電話無誤後，按 **用簡訊傳送代碼給我** 鈕，藉此驗證手機是否為您所擁有。

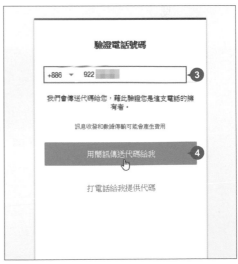

**03** 在 **驗證電話號碼** 對話方塊輸入手機收到的 Yahoo 奇摩驗證碼,然後按 **驗證** 鈕確認後,即完成 Yahoo 奇摩帳號註冊的動作,按 **馬上開始用** 鈕。

**04** 確認帳戶資訊無誤後,按 **下一張** 鈕,這時出現了一 **相機膠卷** 相簿管理新模式的介紹畫面,按 **知道了** 鈕,就可以順利進入 Flickr。

### 12.3.3 登出及登入 Flickr

#### 登出 Flickr 帳號

繼續上個步驟，如果您暫時還未要上傳相片時，可以先登出 Flickr 帳號，待要使用時再登入。請於畫面右上角選按大頭貼照，清單中選按 **登出** 即可登出 Flickr 帳號。

#### 登入 Flickr 帳號

進入 Flickr 首頁後，選按右上角 **登入**，在 **登入** 對話方塊先輸入電子郵件帳號，按 **下一頁** 鈕，再輸入密碼，按 **登入** 鈕即可。

# 12.3.4 上傳相片

Flickr 除了可以讓您分享您所拍攝的相片，它也是一個不錯的雲端備份平台，以下就開始上傳您重要的相片吧！

**01** 於 Flickr 首頁右上角選按 📤 **上傳** 進入畫面，選按 **選擇相片和視訊** 鈕開啟對話方塊，選擇您要上傳的相片檔案後按 **開啟** 鈕。(或使用拖放相片的方式直接將相片匯入)

**02** 回到 Flickr 畫面，如果要變更相片標題，可以選取單一相片，選按左側欄位 **新增描述** 輸入您要說的文字。(如果標題均相同，可以透過一次選取相片，僅輸入一次標題文字即可)

**03** 選按左邊欄位 **新增至相簿**，輸入 **相簿標題、相簿描述** 後按 **建立相簿** 鈕，最後按 **完成** 鈕。

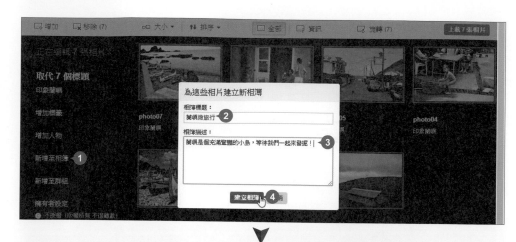

**04** 選按左邊欄位 **擁有者設定** 展開下方清單，分別設定 **授權、私隱政策** 及 **內容過濾器** 選項。

**05** 設定好相關資訊後，先於右上角選按 **上載相片** 鈕，再於畫面中選按 **上傳** 鈕開始上傳所有相片。

**06** 上傳完成後即可在 **所有相片** 中看到所有的相片，除了透過 ⤴ **分享相片牆** 可以將內容分享給好友觀看，另有 🔍 **搜尋所有相片**、▢ **切換幻燈片** 二個設定方便您進行搜尋與瀏覽)

# 12.4 Google 雲端硬碟：雲端儲存空間

將檔案資料隨身帶著走！雲端應用的廣泛性，讓工作不再只是侷限在辦公室，任何有電腦、行動裝置的地方，就能透過網路完成工作。

## 12.4.1 雲端空間檢視與瀏覽模式切換

### 使用 Google 雲端硬碟

Google 雲端硬碟儲存空間共有 15 GB，並提供以下三項服務：

- **Google 雲端硬碟**：可存放各種檔案，單一檔案的大小上限為 1TB。
- **Gmail**：透過 Gmail 傳送及接收的附件與電子郵件會佔用儲存空間。
- **Google 相簿**：以 "高畫質" 儲存的相片檔不會佔用配額，以 "原始畫質" 儲存的相片檔會佔用配額。

**01** 於 Chrome 瀏覽器開啟 Google 首頁 (https://www.google.com.tw)，確認已登入 Google 帳號後，選按 **Google 應用程式** 中的 **雲端硬碟**。(若找不到可按 **更多**)

第一次進入 Google 雲端硬碟時，若有詢問是否直接安裝 Google Drive 至您的電腦中，這時選按 **No thanks**，即可直接先進入主畫面。

**02** 於 Google 雲端硬碟畫面左側的 **新增、我的雲端硬碟、與我共用、Google 相簿、近期存取、已加星號**，是雲端硬碟中包含的服務項目。

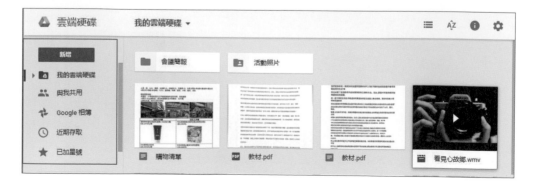

# 查看 Google 雲端空間的使用量

目前 Google 雲端硬碟提供了 15 GB 的免費空間，當資料一直上傳存放的同時，是不是也擔心空間到底夠不夠，這時可以簡單的檢查一下。

**01** Google 空間是 **雲端硬碟**、**Gmail** 與 **Google 相簿** 三個服務一起共用 ，將滑鼠指標停在 Google 雲端硬碟主畫面左下角 "已使用..." 訊息上，會說明目前哪個服務已使用了多少儲存空間。

**02** 若想要進一步了解雲端硬碟的儲存空間使用狀況，及其他需付費取得更多空間的方式，可以進入 「https://www.google.com/settings/storage」 網頁中查看。

## 找出佔用空間的大檔案

如果 Google 雲端硬碟空間不夠了，想要快速找出佔用空間的大檔案，可以透過 **配額使用量** 來幫忙。

將滑鼠指標停在 Google 雲端硬碟主畫面左下角 "已使用..." 訊息上，在空間使用說明訊息中按一下 **雲端硬碟** 右側 **ⓘ**，可以於右側看到目前雲端硬碟總空間內各檔案的配額使用量，預設會由大檔案至小檔案排序整理。

## Google 雲端硬碟瀏覽模式切換

Google 雲端硬碟中間的檔案資料區，預設是 **格狀檢視** 模式，另外還可切換為 **清單檢視** 模式。

**01** **格狀檢視** 模式中，不論文件、試算表、影片、相片還是地圖檔案，都可由縮圖簡單了解檔案內容。按上方的 **清單檢視** 鈕，可切換為條列式的清單項目。

**02** **清單檢視** 模式中，可以更清楚看到每個檔案的相關資訊 (名稱、擁有者、修改日期檔案大小)。

# 12.4.2 雲端硬碟的檔案管理

## 在雲端硬碟上傳與下載檔案

將檔案上傳到 Google 雲端硬碟後，可以隨時隨地透過電腦與行動裝置瀏覽與存取檔案資料。

**01** 於 Google 雲端硬碟主畫面選按 **新增** 鈕 \ **檔案上傳** 或 **資料夾上傳**，即可上傳指定的資料；或直接拖曳電腦中的檔案或資料夾至 Google 雲端硬碟主畫面中。

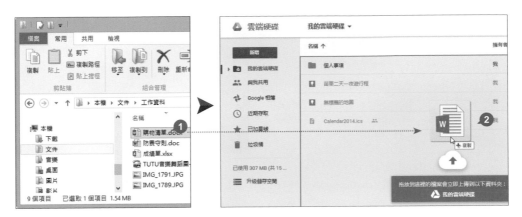

**02** 如果要下載 Google 雲端硬碟中的資料，只要於該資料項目上按一下滑鼠右鍵，選按 **下載**，即可將雲端上的資料下載到電腦。

> **point**
>
> ### 可上傳的檔案類型
>
> 上傳到 Google 雲端硬碟的檔案類型並沒有限制，文件、圖片、音訊、影片...等檔案格式都可以上傳與共用，但如果要直接在線上進行編輯，會要求轉換成 Google 文件、試算表、簡報格式檔，例如：*.txt、*.doc、*.docx 檔案可轉成 Google 文件格式，*.xls、*.xlsx、*.csv 檔案可以轉換成 Google 試算表格式，*.ppt、*.pptx 檔案可以轉換成 Google 簡報格式。

## 開啟、瀏覽雲端硬碟中的檔案

Google 雲端硬碟能開啟大部分的檔案格式，包括影片、PDF、Microsoft Office 檔案，以及多種類型的圖檔，甚至是各軟體專屬的檔案格式 ( ai、psd...等) ，但僅能瀏覽而無法進行編輯。

**01** 於 Google 雲端硬碟主畫面，要開啟的檔案項目上連按二下滑鼠左鍵，即可開啟 Google 雲端硬碟檢視器進行瀏覽。

**02** Google 雲端硬碟中的檔案，預設均會以 Google 雲端硬碟檢視器開啟瀏覽，如果想透過其他應用程式開啟，可於要開啟的檔案項目上按一下滑鼠右鍵，選按**選擇開啟工具**，再於清單中選按合適的應用程式進行開啟。

point

**若有無法開啟的檔案**

Google 雲端硬碟上如果有無法開啟的檔案時，會出現警告訊息與建議其他可開啟方式，這時可於建議使用的應用程式清單中選按任一個項目，以開啟檔案。

## 刪除、救回誤刪的雲端檔案

Google 雲端硬碟中刪除檔案的動作，並不是確實刪除，而是先保留在 **垃圾桶** 項目中，當清空垃圾桶時雲端硬碟才會永久刪除這些檔案。

**01** 若要刪除 Google 雲端硬碟中的檔案，可選按該檔案後，選按 🗑 鈕。

**02** 被刪除的檔案會存放於 **垃圾桶** 中，只要選按該項目，即可看到所有被刪除的資料。不小心刪錯想救回的檔案可選按該檔案後再按 **還原** 鈕即可。

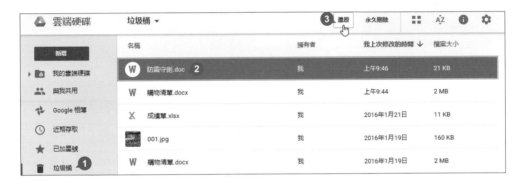

如果想要將 **垃圾桶** 項目內的檔案資料確實刪除，可選按該檔案後再按 **永久刪除** 鈕即可。

**03** 若按上方 **垃圾桶 \ 清空垃圾桶**，則可將 **垃圾桶** 項目內的檔案資料全部確實刪除，不再佔用雲端硬碟的空間。

# 12.4.3 雲端硬碟的資料夾管理

## 用資料夾分類管理檔案

一開始於 Google 雲端硬碟空間存放資料檔案，就要養成利用資料夾來分類管理的習慣，以免面對大量的資料檔案無從找起。

**01** 存放於 Google 雲端硬碟中的檔案，可以透過 "資料夾" 進行分類管理，選按 **新增\資料夾**，輸入合適的資料夾名稱再按 **建立** 鈕即可完成資料夾的建立。

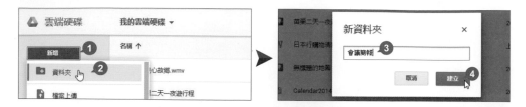

**02** 將原本隨意擺放在雲端硬碟中的檔案資料移至合適的資料夾：於要歸類的檔案上按一下滑鼠右鍵，選按 **移至**，選按合適的資料夾項目，再按 **移動** 鈕即可。

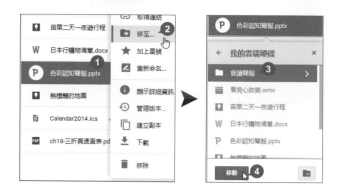

## 用星號標註重要的資料夾

雲端上的資料檔案愈來愈多時，可將重要檔案加上星號，方便日後快速找到檔案。

於要加上星號標註的資料夾或檔案上按一下滑鼠右鍵，選按 **加上星號** ，這樣一來只要選按左側 **已加星號** 項目即可看到剛才標註星號的資料。

## 用顏色區隔重要的資料夾

當資料陸續往雲端上傳，雲端上的資料檔案愈來愈多時，可將重要檔案加上星號，方便日後快速找到檔案。

於要套用顏色的資料夾上按一下滑鼠右鍵，選按 **變更顏色**，再依這個資料夾的內容選按一個合適的色彩進行套用。

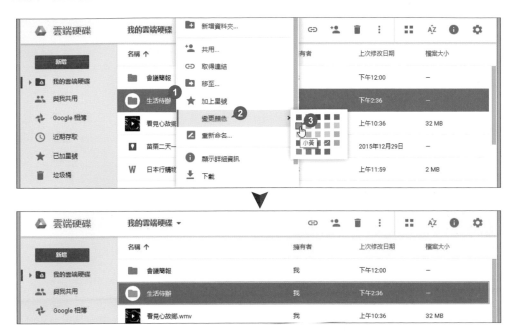

## 為檔案或資料夾更名

存放於 Google 雲端硬碟的檔案資料或資料夾，也可以直接在雲端進行更名。

若要為 Google 雲端硬碟中的檔案更名，可於該檔案上按一下滑鼠右鍵，選按 **重新命名**，輸入新的名稱再按 **確定** 鈕即可。

## 一、問答題

1. 何謂雲端服務，請簡述說明。

2. 請列出雲端運算的優勢所在。

3. Google 雲端硬碟提供哪三項服務？並簡述說明。

## 二、實作題

1. 請透過自己申請的 Gmail 帳號，寄一封附加一張相片檔的測試信給自己。

2. 請申請及登入 Flickr 後，上傳五張相片上去，透過 ⤴ **分享相片牆** 功能將內容分享給好友觀看。